福原義春さんとの対話

元資生堂社長
福原義春／谷口江里也
ヴィジョンアーキテクト

未知谷
Publisher Michitani

福原義春さんとの対話　目次

福原義春さんとの対話

元資生堂社長
福原　義春
ヴィジョンアーキテクト
谷口江里也

本書は、福原義春さんと私、谷口江里也との対話などのなかから、福原さんの文化に対する姿勢や想いや造詣の深さ、そして極めて先進的でチャレンジングかつ包容力のある稀有な文化資本経営者としての姿が垣間見られる言葉を厳選して編集、構成したものです。題名を『福原義春さんとの対話』としたのは、福原さんは生前社内で、役職をはなれて互いに「さん」づけで呼びあう運動を推進されており、そのことを踏まえています。

第一章　ＦＡクラブ・プロジェクト

私、谷口江里也は、一九九一年から二〇〇一年にかけて、竹沢えり子、山本哲士、福井憲彦の三氏と谷口を中心とする、ネットワーク・スタイルの民間の研究機関、文化科学高等研究院の「構想プロジェクト研究センター」のディレクターとして、主に株式会社資生堂とのいくつかの協働プロジェクトを設計、ディレクションいたしました。ＦＡクラブ（Fukuhara Fundamental Academy of Arts）は、そのなかの、国際的幹部社員育成のためのプロジェクトで、福原義春氏が、二〇人前後の資生堂の各部署から選ばれた社員と共に、さまざまな都市に旅をして、場所と密度の高いプログラムを体験するプロジェクトでした。旅は、京都、ウブド（バリ島）、上海、ハノイ（ベトナム）、東京、ウブド、ヴェネト（イタリア）、ヴァージニア（アメリカ合衆国）、の八回行われました。以下の対話は、第二回目の、バリ島、ウブドへの旅のなかのプログラムの一つとして行われたものです。

1　美が生まれる瞬間　バリ島ウブドでの対話（一九九六年七月十八日）

谷口　本日の福原社長のセミナーは、福原さんと私、谷口との対話という形式で行ないます。話はかなりあちらこちらに飛ぶかもしれません。そこはお聞きになっている皆様方が、ご自分の想像力でお好きなように話をつなげていただければと思います。何しろシナリオがありませんのでなんとも言えませんけれども、もしかしたら話は、表現ということを巡って行われるのではないかと、感じています。

そこで前振りとして申し上げますが、私は表現という行為は、三つの段階で成立しているのではないかと思っています。

第一段階は、感じる、感知するという段階、受容です。

第二段階は、そのなかから必要なものは残し、不必要なものは捨てるという、無意識に、あるいは意識的に行う、取捨選択という作業です。

第三段階として、そこから表現という飛躍を行います。受け入れて、取り入れたものを忘れたり心に留めたりして、そこから新たな次元の何か、ある意味では自分と他者にとっての新たな情報を創造し発信するという作業、醸成と出力です。

当然だと思われるでしょうが、優れた表現というのは、この三つがうまく働いた時に成立すると思います。優れた表現、あるいは行動というのは、基本的にこの三つが無意識のうちにも自然に行われるなかから生まれるものでしょう。

表現にとって大切な要素というのをあえて申し上げました。つまり、このバリ島のウブドという特別な場所で、皆さんが何を感じられたのか、それをどう思われたのか、そしてそこから何を発見されたのか。そしてこれからどのような一歩を踏み出すことができるのかということが、とても大切だと思います。その辺りからお話を始めたいと思います。

福原　ではまず、昨日から今日にかけて、私が感じたことを少し話してみたいと思います。昨日は、まだお昼なのか、まだ夕方なのか、と思うほど、時間が大変悠然と流れるなかで、いろいろと中身の大変濃いお話をうかがいました。そのなかには、私が気が付かなかった不思議な発見がいくつもあったのですが、それはいちいちお話しする必要はないでしょう。皆さん一人ひとり、それぞれ違った発見があったのではないかと思います。

夜、マンデラ・ケイコさん（バリの王族に嫁ぎ、現地ホテルのコーディネーターとして活動のかたわらアーティスト活動も行う。二〇二〇年外務大臣表彰）のお宅に招かれて、踊りとガムラン音楽を拝見していたとき、私は夢のなかにいるのではないか、と思いました。ここで音楽を聴いているのは、リアルなことなのか、それともイリュージョンなのか、と思いましたし、もしかしたらこれは悪夢なのではないか、と思った一瞬さえありました。どちらにしても私にとっては、大きな衝撃でした。

それから、私は早起きなものですから、今朝も五時に目が覚めました。辺りは真っ暗で、陽はまだ昇っていませんでした。六時くらいになれば新聞が届くだろうと思ってお風呂に入っていると、新聞がくる気配がしました。表の門の鍵を開ける音くらいはしたのかもしれませんが、でもそんな音が風呂場まで聞こえるはずがありませんし、バリの人は足音を立てずに歩きますし、特にこのようなホテルではゲストの邪魔をしないように気をつけていますから、物音を立てるはずもありません。それなのに、新聞がきたという気配を私が感じたのは、この一日の間に、私の感受性が研ぎ澄まされたからだと思ったのです。

たぶん東京に帰れば、また元に戻ってしまうでしょう。それから若山君（若山和史。アーティスト。資生堂宣伝部でデザイナーとして活動。退職後にバリ島に渡り彫刻を学ぶ）がいろいろとバリに関する怪奇な話をしてくれて、本当だろうか、と思いましたけれども、でも、もしここに一年くらいいたならば、それほど不思議には感じなくなるかもしれないとも思いました。

六時になると明るくなってきましたので、渓谷の谷底をのぞいてみましたら、あらゆる種類の鳥の声が聞こえました。それはもう、私が今まで聞いたことがないような美しさでした。同時に、はるか遠くの音が聞こえるようになった気がしました。たぶん寺院のおつとめかなにかだと思うのですが、遠くで太鼓が鳴っているのが聞こえたのです。ほかにも、いろいろな音が聞こえました。

何の音かがわからないものもありましたが、わずか六時間くらいの眠りの後で、音に対する感覚がものすごく研ぎ澄まされて、私はこんなに音が聞こえたの？　とびっくりする経験をいたしました。これは、場の持つ大きな力のひとつだろうと思います。

ＦＡクラブが始まって、今回で二回目ですが、私が皆さんに教えるのではなく、皆さんにお話しすることで、私が勉強し、また皆さんがそれを共有することを前回はしましたし、昨日もそうだったと思います。

しかし、今朝の段階で感じたことは、今までは資生堂の自分探しをずっとやってきたのですけれども、それは昨日の段階で終わったのではないだろうかということです。というか、もはや自分探しをする必要がなくなった。自分のポジションが不安定で、どこにいるのか分からない、ということがなくなったような気がします。必要なことは、これからどこに行けば良いのか、ということであり、それをこれから谷口さんとお話ししていきたいと思います。

資生堂の自分探しが終わったということを、もう少しかい摘んでお話ししますと、私たちは明治から昭和初期にかけて、日本から見て、西欧の表徴的な部分を吸収してきたと思います。西欧の表徴的な部分をとって、西欧の本当の根っこの部分をとらなかったことは、実は良かったのではないかと私は思っています。

西欧の表徴をとった時のバックボーンになったのは、福原信三（資生堂創業者福原有信の子息。

（株）資生堂初代社長。一八八三〜一九四八）が残した、「物事はすべてリッチでなければいけない」という言葉であり、時にはそれを言い換えて、「物事にはすべて詩がなければいけない」とも言いました。

後に彼は写真を詩になぞらえ、日本の俳句という最も短い詩の形式と関連させて、「写真俳句論」という先鋭的な芸術論を展開したりしましたけれども、ともあれ資生堂にとってはまず、リッチさと西欧の美の表徴をシンボリックに展開するというスタイルであったと思います。

もう一つ、二代目広重の『江戸名所図会』のお話をします。「名所江戸百景」と呼ばれている版画のシリーズです。一一九景ありますけれども、そのほとんどの特徴は、風景そのものをモチーフにしたのではなく、そこでは四季の花、人間の営みがテーマになっていることです。それが主題となり、その横に風景が描かれています。例えば画面の奥に、浅草の金竜寺が小さく描かれていて、手前に雪が積もった枝が大きく描かれて、そこを人が行き交っています。つまり、金竜寺そのものではなく、人の営みと世の移り変りがモチーフとして描かれているわけです。

そのことと資生堂がやってきたことを関連させますと、資生堂はスタイルとしては西欧的な表徴を用いていますけれども、営みとしてはミス資生堂に始まる、モデルをキーヴィジュアルに配したキャンペーンのように、そこに人間の関わりを必ず入れ込んで大きなイメージを創り上げてきました。だから、私たちはスタイルそのものではなく、スタイルを通じて、人の営みとか、時代の移り変りを一緒に表現してきましたし、それはこれからさらに必要になってくるのではないでしょうか。

現在の問題は、私たちが西欧的な表徴を失ってアメリカナイズしたところから、迷路に入ったのではないかということです。そう考えて良いと思います。アメリカの表徴というのは、超高層ビル群を建てたり、あるいは自動車産業が発達した一九三〇年代に、ある意味では終わっていますから、すでに終わったものを追いかけても得るものはなかった、ということだと思います。

つまり創業期の資生堂がやったことを一言で総括すると、アール・ヌーボーのような世界的な表現スタイルや価値を、日本のローカルのなかに圧縮したことであり、それが私たちの成功につながったのではないかと思っています。

その後もずうっとそうしてやってきて、ある意味では混迷を重ねているうちに、セルジュ・ルタンス（アーティスト。クリスチャン・ディオールを経て一九八〇年に資生堂のビジュアルアイデンティティの創造とグローバルイメージの責任者となる）と出会いました。そのころ彼は、フランスの会社と一緒にやっていても、もうこれ以上、自分の才能は伸ばし得ない、と考えていました。

クリスチャン・ディオールと一四年間仕事をしたけれども、ディオールは私を籠の鳥にしてしまった。私が新しいことをしようとすると、ディオールのスタイルを崩すと言って、それをさせないようにする。

私はこのまま年をとってしまうことは耐えられない。私の才能はまだまだ、いくらでも伸びる余地があるはずだ、とそう考えたときに、これから必ず発展していくであろう日本の化粧品会社のことを考えました。いくつかある化粧品会社のうち、どこが良いかと聞くと、誰もが資生堂だと答えました。そこで資生堂と仕事をしたい、と考えたのが始まりでした、とのことでした。

私が外国部長だった時に、セルジュ・ルタンスの起用を、当時の山本社長に提案したわけですが、セルジュが考えたのは、日本の表徴をフランスに持っていくことでした。その考えのベースにあったのは、詩人でもあったロラン・バルトの『表徴の帝国』です。これはすでに絶版で、古本屋でもなかなか手に入りませんけれども（現在はちくま学芸文庫で入手可）、バルトの比較的にクールでありながら重い視点で、日本の様々な価値とか、エキゾチシズムについて述べています。

昨日から私はバリ島を見ているわけですが、もしかしたら私は、まるでバルトのような感じでバリを見ているのではないかとも思ったりしています。バルトは私たちがバリを見て感じるのと同じようなシンボル性を日本に見つけて礼讃したということでしょうけれども、セルジュ・ルタンスはロラン・バルトの『表徴の帝国』を下敷きにして、日の丸をモチーフにした『ジェネリック・イメージ（太陽を抱いて泳ぐ女性）』という、とても有名になった黒地と赤の企業イメージポスターを最初に作り、それで資生堂はフランスで一躍、特別なイメージを確立したわけです。

その時、私たちは資生堂の国際部門の発信基地をパリに置くということにしたわけです。現在はパリと東京の二つのイメージ発信基地を持っていると思っていますけれども、これが正しいかどうかは、まだわからないところがあります。

話は変わりますが、先日『マリ・クレール』の七月号で、女優のジュリー・ドレフュスさんと対談を行ないました。彼女はフランス生まれで、アメリカの大学を出た後、アジア各地をさまよって、日本語も堪能で、日本の文明批評を行なっていますけれども、その多くが『マリ・クレール』に発表されています。

そのジュリーが言うには、多くのフランス人は、ルタンスの資生堂のポスターは日本人がつくっていると思っています、ということでした。自分のような事情通は、これはセルジュ・ルタンスというフランス人が日本の会社のためにつくったイメージだ、ということをわかっているけれども、大多数のフランス人は絶対にそうは思わない。ほとんどのフランス人が、これは日本の会社が、日本の化粧品のためにつくったポスターだと考えている、というわけです。つまりそこには、それほどまでに日本のイメージが凝縮されている、ということになります。

先程、アメリカナイズドされて迷路に入ってしまったのではないかと言いましたけれども、セルジュ・ルタンスはひとつの日本的な表徴を取り戻してくれたのではないかと思います。それが資生堂が世界化したことの、イメージ上の成功につながっていると思います。

で、そこからが問題で、では資生堂はセルジュ・ルタンスにこれからも頼って発展していくのかということです。これは昨日もお話ししましたけれども、これからの世界の未来はアジア的なもののなかにある、と私は思っています。アジア的というのは、いろいろな価値が存在していて、いろいろな自然とか精神があり、それが時々刻々と変化しながら大きな流れとなっていくものです。

そういうアジアの表徴性を見つめることも、これからは必要になるでしょうけれども、それよりも、「アユーラ」（福原社長直轄のプロジェクトで生まれた化粧品ブランド。西洋科学と東洋の叡智の融合をコンセプトとする）をプロデュースした手法を見ていただければわかるのですが、私たちはこれからはむしろ、アジアのもっと根源的なものに着目していかなければいけないと思います。

アジアの側から世界的な普遍性を見つけだしていくことができないかということです。そうした普遍性を見つけて初めて、アジア的な表徴性がテーマになってくるだろうと思います。そのアジア的な表徴性には、これはアイロニックなことですけれども、セルジュ・ルタンスの表現も含まれてしまうかもしれません。つまり日本人にも外国人にも共に、アジアが認識されるようなイメージと実態をつくると同時に、そこに人の営みを付け加えて、それをイリュージョンで大きく覆う。そうすると、もっと大きな仕掛けが見えてくるのではないかと思います。

若山君はバリに住むようになって、最初、自分が考える彫刻を木で彫っていたそうです。そのうちに先生から、木のなかに彫刻が埋まっているのだから、それを彫りだしてごらん、という指導を受けて、本当に木のなかから彫刻が出てくるようになってきたそうです。私たちも彫刻を彫りあげるのではなく、彫っていくと出てくるという、創造の本質のところまで考えて、突き進めていくことが必要ではないかと思います。

ともあれ、ジュリー・ドレフィスとの対談を通じて、資生堂の広告はセルジュ・ルタンスがつくっているにも拘《かかわ》らず、普通のフランス人が、あれは日本的だと考えているということを知ったことは、私にとって大変新しい発見であり、ショックでもあり、これから進む道にとって一つのヒントになるのではないかと思います。

こうしたものを全部つなげていくものが美意識だと思います。単に商品をつくることだけではなくて、昨日、お弁当の食べ方ひとつを見ても、そこに美意識があるかどうかがわかるというお話をしましたが、それと同じように、会社のあり方にも美意識がなくてはいけません。商売もそうですし、商品もそうですし、経営や事業そのものもそうです。皆さん一人ひとりも、必ずしも同じ美意識でなくてもいいのです。それぞれの美意識を持っていただければと思います。

それから、バリには愛という言葉がない、というお話がケイコさんからありました。これは、愛とはフィーリングであり、言葉のような低俗なもので表すことではない、という意味だと私は思います。

四代前の駐日フランス大使であるベルナール・ドランさんは、私を大変可愛がってくださいました。政治家としては非常に変り者でしたが、彼は哲学者であり、美学者でした。そのドランがある時、私にこういう話をしてくれました。シバの神を信じる人の枕元に、シバの神が現われて、夜が明けたら、壷に油をなみなみと注いで、油を一滴もこぼさずに、私の神殿のある、山の頂まで持って来なさい、というお告げを受けるわけです。

信者は目が醒めると、お告げの通り、壺に油をなみなみと注いで、急な山道を一滴もこぼさずに運んで、シバの神に捧げました。するとシバの神は、お前は何と愚かな男なんだ、私は愛を運んでくれと言ったのであって、油を運べと言ったのではない、と言ったそうです。

これはなかなかシンボリックな話ですね。大切なのは具体的に油を運んで来るということではなくて、山道で油を一滴もこぼさないくらいの気持ちを捧げてほしいということです。これがバリに愛という言葉がないことの理由につながっているような気がします。

マックス・ヴェーバーの分類によると、宗教には大きく分けると、ゾロアスター教と、キリスト教、そしてヒンズー教と仏教という三つのカテゴリーがあるそうです。それに従えば、ヒンズー教と仏教は輪廻とか、大地の魂や業を常に考える宗教です。輪廻というものを考えると、物事は全て巡り巡っていきますから、愛というものは必要ないということかもしれません。そのカテゴリーの中では、日本と汎アジア的な物事の考え方には、いくつもの共通性があるのではないかと思います。


谷口　福原社長のお話には、いろいろなテーマが含まれていたと思います。ひとつには、日本やアジアをベースとしながらも、西欧の人も感動するような深さや広がりを持った美の様式がありうるのではないか、それはどうしたらできるのかということだと思いますし、福原さんのお考えでは、これからはアジア的なもののなかにそのヒントがあるのではないかというお話だったと思います。

さらに、愛という言葉の問題が出されました。愛というのは、キリスト教に基づいて西欧が構築した概念です。それがあまりにも世界中に広がったため、愛という言葉を、我々も無意識に日本語として使っているのが現状です。

旧約聖書、ユダヤ教の段階では、神とは絶対的な存在でしたが、キリスト教では人間的な情愛も含めて、愛という概念を刷新して、それが世界中に広まったのです。バリはヒンズー教がメインですけれども、そういうキリスト教の概念である愛という言葉がヒンズー教や仏教にないということに、両者の違いが端的に表れているということでしょう。
愛という言葉ひとつをとってみてもそうですし、美という言葉もそうかもしれません。そういうことの一つひとつを、私たちが文化のなかに、何を持っていて何を持っていないのか、再確認する時期にきているのかもしれません。

例えば日本語に、気配《けはい》という言葉があります。日本語は中国から漢字というビジュアルな文字を受け入れましたが、元々は非常に音声的な言語で文字を持たなかったわけです。その音声的なベースを壊さずに中国の言語を取り入れてそれをミキシングした非常に不思議な言語です。気配、というのもとても微妙なニュアンスを持つ言葉で、そのような日本語の不思議な特徴の上に成り立っているのかもしれません。
先程、福原社長は、五時頃に目覚められ、夜明けとともに鳥が鳴いたり、いろいろなものが動き出す気配を周囲から感じたとおっしゃいました。日本人はもともと気配を感じる能力が非常に高いと思います。福原さんのなかで、そういう感覚が覚醒したのかもしれません。

このバリでの研修のプログラムを構想しているときに、ケイコさんから、バリにバードパークという公園があると言われました。それを聞いたとき、何しろ鳥と花ですから、すごく良いのではないかと思いました。でも経営者がスイス人ということで不安も感じて、行ってみると、公園としては非常にきれいでした。もしこれがヨーロッパにあれば、大変有名になると思われるくらい、きれいな公園で、たしかに気持ちが良いのですが、何かを捨ててしまっているのではないかと感じて、プログラムに入れませんでした。具体的にはウブドに溢れている自然の気のようなものが感じられなかったのです。

Tさんが先ほど、朝の六時頃、夜が明ける瞬間は、ここではまるでその時間が鳥の時間であるかのように感じられる。他のものはまだ起きていないから、鳥たちが謳歌する時間のようですね、と言っておられましたが、そうした何かを私たちも感じますし、おそらくは鳥たちも感じるのでしょう。ここは特にそういうことがダイレクトに感じられる場所です。

もともとは誰でも、時間的、空間的、自然的な豊かさを感じる力を持っていて、人間の五感の豊かさというのも、一般に考えられているよりもずっとあるのではないでしょうか。見えないもの聞こえないものを感じる力を、とりわけアジア人である私たちは持っているように思います。

ソニーとフィリップスがCDを共同開発した時、周波数を調べて、人間には感じ取れないとされる上下の音域を捨ててしまいました。データ量の関係で収録時間を長くするという目的もありますけれども、科学的に言えば、そこで捨てた周波数は、それがなくても、人間には聞こえない領域なのだから鑑賞には関係ないだろうということです。

でも、昨夜のガムランのように、メーターの数字には表れないような非常に高い音、あるいは低い音を人間は感じとっていると思います。

昨日の演奏は大変すばらしかったです。演奏している人も踊っている人もある瞬間にシンクロして、お客さんがいるといったことは関係なく、大変にリラックスされていました。特にケイコさんの旦那さんである、幼い頃から天才ダンサーと言われてきたリーダーのバグースさんが、とても安らかな表情しておられるのを見て、私は大変うれしかったです。

音楽でも踊りでも、プリアタン王家の楽舞踊団は、楽器の人も踊り手も、場所の雰囲気、気配を読み取る力に非常に長けていますから、我々が真剣に聴いているか、見ているかを全身で感じ取っていたでしょう。ですから、結果的に素晴らしいパフォーマンスをリラックスして披露してくれたということは、とても良かったです。

ところで福原さんは先程、資生堂の自分探しは終わった、と言われました。福原さんによれば、リッチとか詩といった、非常にピュアなものをシンボライズするところから資生堂は始まったということでした。リッチも詩も、人間と美ということを考えるときに非常に重要な言葉です。でもそれを現象的に捉えるか、それとも本質的に捉えるかで大きく変わってきます。

たとえばリッチという言葉は、それが意味するところが一般に、時代とともに変わっていくと思われています。つまり現代では、モノがたくさんあるとか、お金がたくさんあるとか、家やファッションが綺麗、とかいう意味に捉えられがちで、その意味ではそのレベルも昔とは違ってきているでしょう。ですからそれに合わせてリッチが意味することも変化させなくてはいけない、というのが一つの考え方です。

けれども、福原信三さんの言われたリッチとは、人間が五感で感じる本質的で総合的な豊かさであり、それを何とか創り出すことはできないか、言葉にできないことを含めて人間が感じる美やリッチさ、あるいは感動を伝えるにはどうすればいいかということを問題にされたのではないか、詩という形をとったのもそのためではないか、と考えると、リッチという言葉も、ちょっと違った普遍的な意味を持ってきます。

それとルタンスの話のなかで思ったことですけれども、どんなアーティストも何らかのヴィジョンのもとに作品を創るわけですが、あるレベルの作品を創って、それが社会的に成功すると、それを壊す、あるいはそれとは異なる方向性を持つ作品を創ることが大変に難しくなります。これは原則的には会社でも同じです。特に会社は、成功体験から逃れることが何よりも難しいのではないかと思います。

環境や時代や何かが刻々と変化するなかで、何に反応すれば良いのか、何は変えた方が良くて、何は変えない方が良いのか、そういうことがこれから大変難しいテーマになると思います。

それと、その変化というのは自分自身でつくり出すことが大変難しいということがあります。それで他者を変化のきっかけにする場合、先ほどのバグースさんの楽舞踊団も、私たちが一所懸命見て聴いていたから良かったのですけれども、もし何かおかしなことをしたとしたら、悪い方に変わって行ったかもしれません。もちろん彼らはプロですから、なんとかやりきったでしょう。でもバグースさんの満足した笑顔は見られなかったかもしれません。

ですから、何をするにしても他者の存在というのはとても大きくて、会社であればなおさらです。そのときに重要なのは、どのような他者と触れ合うか、どのような他者を身近に置くかということです。それと同時に大切なのは、より良い変化に向かう場合には、信頼できる他者、自分とは違う何か、あるいは確かさを持った他者が必要だということです。その存在が、創造の飛躍のテコになるだろうと思います。

広重のお話でも、何を描こうとしたかと言えば基本的には風景です。けれどそこに庶民の営みを入れようとしたところに、福原さんは面白みを感じられたわけです。西欧において一般的に価値が高い絵というのは、まずは宗教画、あるいはギリシャ神話や聖書の場面などの物語性のあるものです。その次が王侯貴族などの肖像画で、一番低いものが風景画でした。

ところが広重は風景画を盛んに描き、しかもそこに何気なく人間を入れることによって、日常的な風景を街と人、自然と人の営みを関連づけることによって、絵に生命感を取り入れて、風景を場面《シーン》化したということでしょう。そこには西欧と日本との美を支える概念《コンセプト》の違いもあるでしょうけれども、やはりそうした方が絵が活き活きした親しみのあるものになるだろうという広重の感覚や視点が入っているように思います。

昨日、三人の方々が大変本質的な話をたくさんしてくださいました。そのなかに、あれは影絵師のシジャさんでしたか、人間と神、人間と自然、人と人という関係がなければ、クリエーションは成立しないというようなお話がありました。これは端的に、個々人がバラバラに自由でいればそれでいいのか、あるいは多様な個が存在しているだけでいいのか、というテーマと繋がります。

これはアジア的というテーマともつながるかもしれませんが、人は結局一人では生きていけません。何かを創るにしてもそうです。逆に言えば、創られる何かが変わるということはそれに関わるみんなが変わる、あるいはそうしないと新たなものは創れないということでしょう。ですから、そういう風に変化や個を捉える人が、あるいはそういうことをよく理解する人が、これからの新たな変化と社会をリードするのではないかと個人的には考えています。

福原　今お話を聞いていて思い出したのですが、先日谷口さんと話をしていたときに、ベラスケスとゴヤの話になって、それが面白かったので、そのことを、特にベラスケスやゴヤとパトロンの関係についてみなさんにも話してもらいたいと思います。それというのも、私たちは今、何をするにしても、クライアントとアーティスト、あるいはデザイナーと商品という風に、マンツーマン的な関係の中で仕事をすることが多いですけれども、ベラスケスやゴヤの時代はどうだったかということです。

それともう一つ、アーティストとパトロンということで言いますと、例えば、日本文化の良さは幕の内弁当によく表れているとおっしゃった工業デザイナーの榮久庵《えくあん》憲司さんが、仕出しの弁当屋さんに、今日は「元禄花見踊り」という趣向の弁当を持ってきてくださいと言うと、弁当屋さんが一所懸命に工夫して持ってくるという可愛い関係があります。

それから、レイモン・オリヴィエというフランス料理の中興の祖である料理人が、『コクトーの食卓』という本を書いています。そのなかに、ジャン・コクトーはオリヴィエのやっている店に、正午になると毎日必ずやってくるのですが、コクトーは好きな料理があると、それを毎日食べるそうです。

ある時、目玉焼きに凝って、それを毎日注文したそうですが、するとオリヴィエの方も毎日、同じ目玉焼きを出せないわけです。例えばバターの上に塩を播いて、その上に目玉焼きをつくると塩をかけなくてもよいですし、彩りで黄身のところに胡椒をかけたりもしたそうです。これもパトロンとの微笑ましいけれども意外に真剣な競争の例ですね。

谷口　そうしたところにコクトーの人柄というか、スタイルが出ていて面白いですね。彼は既存の美の基準から外れたところにいました。ある意味ではニヒリスティックですし、ちょっと角度の変わった批評家的な人なわけです。

前回の京都でのＦＡクラブで、私の友人のロベルト・オテロにピカソについて話していただきましたけれども、ピカソとコクトーの接点として『パレード』という劇があります。エリック・サティなど、錚々《そうそう》たる人たちが関わっていますけれども、ピカソがいない間にみんなですごいステージをつくったね、と話していると、コクトーが、でも僕らは歴史のなかでそのうち忘れられていって、ピカソの友人だったということだけが残るのだろうね、とつぶやいたそうです。コクトーのニヒリズム的な部分を差し引いても面白いエピソードだと思います。

福原さんのお話に戻れば、パトロンとアーティストの関係は基本的に双方向です。ヨーロッパの優れたアーティストのすごいところは、たとえ目玉焼きを食べていても、絵を描いていても、自分が見つけた個有の表現の場やスタイルを絶対に譲らないことです。どんなものでもそうした次元に持って行ってしまう強さを持っていて、これは日本の伝統にはあまりないのですが、逆に言えばだからこそ、今まで美の本流を創ってこれたということがあると思います。

今回のセミナーのタイトルは『美の生まれる瞬間』ですけれども、実は表現においては常に異種の力学が働いています。先ほど申しましたように、表現というのは三つのプロセスを経ますけれども、同時に三つの、表現を成立させる背景のようなものがあるように思います。一つは美的なモチベーション。人の育ち方が全部違うように、美的モチベーションのありようもそれぞれ異なるでしょうけれども、なぜ、その人がそうした美意識を持ったのか、何をしたいのか。例えばコクトーはニヒリスティクな美意識をどうしてどのように持ったのか、そういう背景です。

二つ目は拘束条件、アーティストを取り巻いている諸条件です。例えば無名でお金がない。ムーヴメントの中心ではなく辺境にいるといったこともそうです。たとえばピカソは、青の時代の時にはお金がなかったため、青色が安かったので青をたくさん使ったという説もあるくらいです。もちろん、それだけではないのですが、どんな時にも表現は、その時々の条件のなかで行なわれます。無条件ということはありえなくて、紙の大きさであれ持っているペンであれ、そういう拘束条件がいつでもあります。そして、それをポジティヴに展開できるかどうかということが大切です。

三つ目は手段、方法です。どのような条件のもとに、どのような方法で、美的モチベーションを発揮するのか。もちろん拘束条件には時代とか人間関係とか、いろいろなものが入りますけれども、それらを踏まえ、かつそれをバネにした表現であって初めて、普遍性、あるいは力を持ち得るということです。

そこでゴヤですけれども、ゴヤは、基本的に大変に不器用な画家だと私は思います。絵の才能はそこそこあり、お師匠さんについて勉強したりもしたのですが、マドリッドのサンフェルナンド美術アカデミーの入学試験に二度落ちています。イタリアでも落ちています。彼の最大の夢は宮廷画家になることでしたけれども、その試験にも落ちて、全然雇ってもらえません。

ところが彼は不思議なことに、物心がついた時から自分は画家になるのだ、と決めていました。とにかく筆で生きていくのだと。根拠はわかりませんが、そう決意していました。表現欲がなみ外れていた、ということもあるでしょうが、決意を変えることは一生ありませんでした。ゴヤはとにかく、宮廷画家になって、王様や貴族の絵を描いて画家として食べていければ良かったのです。そのころ最も安定していた画家というのは、何と言っても宮廷画家ですからね。

ところが、なかなか雇ってもらえません。宮廷画家だった彼の義兄、奥さんのお兄さんがタペストリーの下絵を描く仕事を世話してくれたり、現在のプラド美術館のベラスケスの絵画を銅版画にするという仕事をもらったりしました。要するに王のコレクションの今でいうカタログつくりです。これは彼の野望からずいぶんと掛け離れた仕事でしたけれども、これが後のゴヤ、版画で先進的な仕事をすることになるゴヤにとって極めて重要な働きをしました。

細かなことは省きますけれども、それでもゴヤは頑張ってついに宮廷画家の一員になります。その信用で、お金持ちとか教会から注文がきて、嬉しくなって、さっさとタペストリーの下絵を描く仕事を断ります。

それまでゴヤは彼の代表作といえるようなものを描いていませんでしたけれども、宮廷の大きな壁に飾る大きなタペストリーの下絵を素早く次から次に描いたことや、ベラスケスをつぶさに研究したことや、版画の技法を習得したことなど、それまでの苦労が、ここにきて実って、宮廷画家になったゴヤは盛んに絵を描きます。

ところがそんな矢先に大変な事件が起きました。隣国フランスのフランス革命です。なんと選挙で選ばれた議員たちの議会の決定で市民が王様を処刑してしまいました。政治においては教会とも縁を切ると宣言します。ゴヤは仰天したでしょう。

せっかく宮廷画家になれたのに、フランスでは肝心の王様がギロチンにかけられて公開処刑されたのです。もしかしたらスペインでも革命が起きて、権力構造が逆転してしまうかもしれません。それまで絵画というものは、王侯貴族や教会がパトロンで、基本的には彼らの意に沿ったものを描く必要がありました。

そこでゴヤが考えたのが、自分が描きたいテーマを版画集で表現してそれを大衆、少なくとも、そのころ台頭し始めてきたプチブルジョアに売って生活できないかということでした。それができれば革命が起きても大丈夫と思ったのでしょう。

でもこのゴヤの早すぎた計画は失敗に終わりました。いったん販売はしたのですが、内容が王侯貴族を揶揄していたりしてあまりにも過激だったので、多分誰かから注意されたのでしょう、すぐに販売を中止しました。

何しろスペインはその頃まだ、旧態依然とした王政で、異端審問所が目を光らせていた時代です。ですから、これからは王侯貴族や教会から離れて大衆をパトロンにしようというゴヤの目論見は見事に失敗に終わりました。でもゴヤは王侯貴族や教会ではないパトロン、つまり市民を顧客にしようとした点で画期的でした。付け加えると、ゴヤは宮廷画家になってすぐに病気で聴覚を失いました。そのことによってゴヤの視覚はさらに研ぎ澄まされました。ゴヤはチャンスやアクシデントを含め、あらゆることを絵を描くことにつなげ、努力に努力を重ねて天才画家になった人です。


ゴヤとは全く異なるパトロンとの関係にあったのはベラスケスでした。ゴヤは一八世紀の後半から一九世紀にかけての時代を生きた画家です。ベラスケスは一七世紀の前半を生きた画家です。ゴヤとは違って、ごく若い頃から天才と目されていたベラスケスは二十歳の頃に、当時の国王のフェリッペ四世の肖像画を描いた時に、たちまち王に気に入られて即座に王直属の首席宮廷画家に任命されました。

ベラスケスは王の親友ともいうべき存在になりましたし、宮廷全体のアートディレクター的な役割を担ってもいました。

そういう関係の中でベラスケスは、王から頼まれた絵と、自分が描きたいと思った絵しか描く必要がありませんでした。生きるために絵を描く必要がなかったベラスケスは、そこで、絵とは何かという本質的な問いに向き合って、『ラス・メニーナス』のような、人類史に唯一無二の絵を見事に描き表しました。

ここで面白いのは、アプローチの仕方は全く異なりますけれども、二人とも、自分を取り巻いている条件、あるいはパトロンとの関係を重視しつつも、自ら高い壁を設定して、それを乗り越えて、それまで誰も描かなかった絵を描いて、美術史に残る画家になったということです。

繰り返しますが、ゴヤは絵画を支えるパトロンである王侯貴族の基盤が揺らぎ始めたのを見て、これからは大衆がパトロンだということで、版画というたくさん刷れるメディアを用いて版画集を作りました。そのことによって、それまでの絵画では描き得なかったことを表現しました。

例えば、それまで戦争画というのは勝利者を称えるものだったわけですけれども、ゴヤはそうではなくて、人間が犯す愚の骨頂としての戦争の悲惨さを、後のドキュメンタリー的な手法を用いて描きました。

また別の版画集で、目に見えるものだけではなくて、人間の心の中にある情景、深層心理や潜在意識までも描いて、後のフロイトやユングが探求した近代的な領域にまで踏み込みました。それは不特定多数のパトロンをイメージしたからこそできたことでした。それらの版画集は結果としては世にでることはありませんでしたけれども、ゴヤは絵の対象を革命的なまでに広げた人でした。

ベラスケスは逆に、互いに親友にもなった王というパトロンを持つことによって、そういう自分にしかできない極めて高いターゲットを設定して、絵とは何かを追求し、結果的に、現代さえも飛び越えて未来に向けて、幻想の理解者に向けて作品を描きました。両者に共通するのは、自らを取り巻く状況の中で、敢えて極限的なターゲットを自ら設定して進んだことです。

福原　今、谷口さんが一九九四年の九月二十九日に「チームカマラ・プロジェクト」（社員の視野を広げるために行ったプロジェクト）をまとめたペーパーのことを思い出しました。すべてのクリエーションはイマジネーションから出発しますけれども、バブルなども実はある種のイマジネーションの産物です。あの頃、アメリカの経済ではイマジネーションという言葉が盛んに使われていました。どういうイマジネーションかといえば、経済規模がもっと大きくなり、会社の業績が良くなり、株価が高くなって行くだろう。だからこそ、会社を買うならば、今は多少高くても、しばらく経てばもっと高く売れるだろう、この浅はかなイマジネーションがバブルを生じさせました。

これをクリエーションに置き換えますと、自分は何ができるだろうか。自分はもっと大きなことができるのではないか、と自分が創り得る可能性を描いて、それに向かっていくことです。ただ、自分だけが良いと思ったものをつくっても、それを誰も評価してくれなかったらしようがありません。人間はロビンソン・クルーソーとは違って、人間社会のなかで生きているのですから、誰かが評価してくれなかったらイマジネーションも膨らみません。絵の上手な子、と言われて、芸術関係の学部を卒業して会社に勤めて、デザインを頼まれたりするわけですが、そこまでは誰でもできるわけです。プロフェッショナルというのはそうではなくて、パトロンが、これを採用してやろう、というデザインをつくるだけではなくて、パトロンが考えるレベルをはるかに越えて、相手を圧倒しなければいけないわけです。それを実現するには、やはりそれだけ強くて大きなイマジネーションが必要です。

ただそうは言っても、パトロンも十人十色でなかなか一筋縄ではいきません。谷口さんの話に出ましたフェリッペ四世とベラスケスのような、非常に緊密な関係のパトロンもありますし、会社という無機的なパトロンもあるわけですし、会社の向こうに消費者というパトロンもいます。そういう人たちがびっくりするようなものを創れるかどうかというのが大きなテーマです。

パトロンとの関係がどのようなものであれ、私はクリエーションはそういう関係のなかで生まれるものだと思います。クリエイター一人だけでは、なかなか高いレベルには到達できないでしょう。先程、谷口さんは、拘束条件やハードルが高ければ高いほど、それを超える力は強くなる、と言われましたが、それは重要なことだと思います。


パトロンとアーティストとの関係のもうひとつの例として伊藤若冲をあげたいと思います。江戸中期、狩野派が全盛だった時期の最後の人で、花や鳥など、リアリティに富んだ大作を描いています。ただ、その多くは外国に散逸しています。私が若冲に触れてびっくりしたのは、ニューヨークに行った時、ロックフェラーのアジアセンターで若冲の展覧会がありました。その時、若冲のコレクションを初めてまとめて見たのですが、こんな絵描きが日本にいたのか、と仰天したのです。

当時は応挙などもいたのですが、表現様式や密度などがまったく違うのです。若冲は京都の西小路にある青物問屋を継ぐのですが、絵が好きで、商売を放り投げて、絵の道に熱中するわけです。お寺に泊まり込んで襖絵を描くのですが、国宝級のものが残っています。余生は不幸でしたけれども、この人のリアリティに富んだ絵は、驚くべきものです。

先日、知人が昔の『美術手帳』に若冲が掲載されたものを見つけてくださって読みなおしたのですが、若冲の描いている孔雀の羽とか、草花の細部を見ると、バリの絵と本当によく似ているのでびっくりいたしました。しかも、全体は大変リアリティに富んでいながら、部分はものすごくデコラティブなのです。

パトロンとの関係で言えば、若冲はお寺のお坊さんとの間に、パトロンとクリエイターの良い関係が保たれていたように思います。お寺にすばらしい作品を残しているからです。

谷口　若冲の作品を見ると、一見、特異な人に見えます。何が特異かというと、当時の画壇とか、絵画の流れから見て特異ということです。しかしそういうことから離れて、彼がなぜあのような絵を描いたのかと考えれば、理由はよくわかる気がします。彼は具体的なものをどこまでも深く見ていきました。花や葉、魚の鱗でも、よく見れば、実に不思議なものであり、これらがあわさった自然は、何と豊かなものなのかという意識を持っていたのではないでしょうか。自然の持っている豊穣さを絵にしたかった、とはっきりいえるかどうかはわかりませんけれども、ある瞬間からマニアックなものを詰め込んだ世界を描きはじめるわけです。
彼はゴヤとは違いますけれども、ちょっと似たところもあって、画壇の流れから見れば、ある意味では不遇です。当時の主流から、これはすばらしい絵だ、と認められたわけでもありません。このことが逆に、独自の世界に入ることを後押ししたのかもしれません。あるいは、商売をしていたことも関連するかもしれませんが、細部が持っているリアリティの方に、構成や様式よりも確かさを感じていたように思います。

昨晩、このホテルのオーナーでウブドの王様であるチョコルダ・グデ・プトゥラ・スカワティさんが、ぜひお話をしたい、とおっしゃって、ホテルのロビーで二時間ほど話したのですが、彼は実に大きなイマジネーションと構想をもっています。

彼はそのためにいろいろなことをしており、例えばウブドから映画館をなくすことを、大変な反対にも拘らずにやっています。その代わりに、プリアタン王家でやっていたパフォーマンス・アートや音楽を開放したり、子どもたちにもその良さを教える教室をつくりました。もし映画が見たければデンパサールに行けば良い。ここではやらない。その代わりにインタラクティブなパフォーマンスを子どもに小さいときから教えるのだ、と言って子どもたちを育てています。

彼はバリ島のホテルのオーナー会議の会長もされていますが、そんな忙しい中、そうしたことを、大変だ大変だ、と言いながらもやっておられて、そういうことを話されている時の目が輝いているのです。

もしかしたら、島という閉じられた世界だからこそ逆に、こうした本質的で他にはない構想が生まれたのではないかと思います。というのは、島は突出して優れた何かによって世界と直結しないと取り残されてしまいますから、逆にイマジネーションを膨らませざるを得ません。同じように若冲も、主流から離れて、お寺という閉ざされた世界に入った時、イマジネーションが膨らんだのではないでしょうか。

ところで、イマジネーションとは何かということですけれども、私個人としては、イマジネーションという言葉はポジティブなクリエーションにつながるものをそう呼ぶようにしています。そうでないものを妄想と呼んでいます。

妄想とイマジネーションの違いは何かというと、リアリティと社会性があるかどうかです。創造というのは、現実から離れたところではできないのではないでしょうか。若冲も、現実の花が持っている美しさとか、魚の持っている不思議さを見て、こんなところにも美がある、と発見して、絵画につなげていったのではないかという印象があります。

それはある意味では、もの狂いということと紙一重なのですが、狂っているかそうでないかの境を支えるのは、インテリジェンスなんだろうと思います。つまり、どこがどう自然や社会のリアリティとつながっているのかを見つめる能力がインテリジェンスだと私は思うのですけれども、それがあるかどうかがイマジネーションと妄想の境目のような気がします。

福原　先程、谷口さんはゴヤが近代絵画の始まりだと言われましたが、ベラスケスの『ラス・メニーナス』が近代絵画の始まりであるという人も多いわけです。『ラス・メニーナス』は非常に変わった構成なのですが、そこには時間や空間などを全部超越したものが一瞬のなかに閉じこめられているように思うのです。そしてその後、絵画はどのように変わって行ったと谷口さんは思いますか。

昔は絵画の主題は偉い人の肖像画とか、風景とか、それから捕ってきたばかりの雉子などの食物が描かれました。私はマドリッドの美術館で、どうして殺した動物の絵が多いのですか、と聞いたところ、キュレーターの人は、貴重なものだから描いたのではないでしょうか、と答えたのですけれども、私はそれは間違いだと思います。

こうした写実的なものを描くことが画家の務めだったからではないかと思うのです。ところが写真の誕生により、画家は写実的な絵から逃げていかざるを得なくなった。その始まりのところにベラスケスは位置すると私は思うのですけれどもどうでしょう。

谷口　それに関してお話しする前にお断りしておかなければいけないと思いますが、これから私が言うことは、私が絵を見て感じたことであって、決してオーソライズされた一般的な意見ではないということです。

ベラスケスは絵画というアートの本質と可能性を直視して、それを作品に結実させた人だと思います。例えば、コロンブスが新大陸を発見したように、絵画というものに、それまでにはなかった大きなテーマがあることを、口で言うのではなく、絵に描いて見せました。

はっきり言って何百年先のことを先取りしていますから、彼がやろうとしたことは普通にはわからなくて、ごくリアルな普通の絵に見えるのですが、彼のすごいところは、見た目には決して奇妙でなく自然に見える絵のなかに、絵画とは何かという問いに関わる知的な要素を入れたことです。

では彼は具体的に何をしたのか。彼は、それまで王侯貴族の権力や教会や聖書の権威や意味を補完、あるいはそれに従属するものであった絵画を、絵は絵に過ぎない、と言い放ったということです。ベラスケスは絵画というのは、画家の筆によって平面化されたものと、それを見る人、つまり平面から立体や物語を見る力を持つ人間のイマジネーションという力とが織りなす知的遊戯だと、絵を通してさりげなく断言したのです。

その意味では福原さんがおっしゃられたように、近代絵画は本質的な意味においてまさにベラスケスから始まるのです。ピカソより三百年も前のことです。ベラスケスが、画家のための画家、と呼ばれているのはそのためです。そしてゴヤは、市民を相手にする画家という、絵画の新たなマーケットと画題を夢想したことにおいて近代的です。

人間は能力があればあるほど、恵まれた条件や環境下にあればあるほど、だからこそ挑戦しうる難しいテーマというものがあるでしょう、それをしてこその才能でしょうし、それを果敢に、しかしさりげなく展開したのがベラスケスです。

ベラスケスを取り巻いていた特殊な条件について言いますと、、第一に、彼はゴヤとは違い、ほとんど生まれついての天才です。何しろ二十歳にもならない時に誰よりも見事な絵を描いたのですから。

第二に、若い頃にフェリッペ四世というパトロンに出会い、その関係の中で一生を過ごしたことです。フェリッペ四世はベラスケスの才能を一瞬で見抜き王直属の画家にしました。有り余る才能を持つベラスケスは、その関係のなかでこそ出来ることは何かと考え、そして絵の本質と向き合った作品を残したということです。

さらに細かなことで言えば、ベラスケスの絵は、王女の絵のドレスにしても、誰かが手にしている本や、王妃が身につけている宝石にしても、離れて見ると見事にリアルだったりするのですが、近寄って見ると、それはかなりラフな、最小限の筆のタッチで描かれていて、そこだけを見れば、なんだかよくわからないくらいです。

つまり絵というのは、人に見られて初めて成立するものであって、どこまでも細かくリアルに描くのが画家ではなくて、大切なのは本物や実態以上にリアルに見えることなのだということを、絵や描き方を通して言っているわけです。

これは印象派を二百年以上先取りして、さらにその先、人間の認識の回路の不思議さというテーマにまで行ってしまっています。つまり絵画はある意味ではそれからずーっと、ベラスケスを追いかけているのです。

またスペイン帝国はそのころ巨大なテリトリーを持っていましたけれども、当時は写真がなかったため、ベラスケスは多くの王の肖像画を描きました。その肖像画はヨーロッパ全土の宮殿に飾られました。そうすると、王が訪れた時に、王が来たと、誰もがすぐにわかるわけです。ベラスケスは既視感というものが人間にもたらす不思議さや影響というものを熟知していました。

さらに、その頃イタリアでとても美しい鏡が発明されました。ルイ一四世がベルサイユ宮殿に鏡の間をつくらせたのもこの頃です。私は表現とテクノロジーの発達は基本的には歩調を合わせて進むと思っています。現在は鏡があふれていますから何も思いませんけれども、綺麗な鏡ができた時、画家は愕然としたでしょう。誰よりもうまい肖像画がそこに写っているのですから、これをどのように乗り越えるのかは、敏感で知的な画家であれば、写真が登場した時もそうですけれども、大きなテーマとして意識せざるを得なかったと思います。

ベラスケスはこのテーマを『ラス・メニーナス』において、見事に展開したと思います。鏡にできることは何か。絵にしかできないことは何か、というところに入っていったということです。

ベラスケスは絵を必要以上に数多く描く必要がありませんでした。君は世界最高の画家だ、と認められて王のそばにいるわけですから、普通ならそれで怠けたり、逆に期待に沿うような絵を描かなければ、と大きなプレッシャーになると思うのですが、ベラスケスはそのプレッシャーをむしろ楽しんだように思います。

他にも、フェリッペ四世がベラスケスに頼んだ仕事で、結果的にはものすごく重要だったことは、ベラスケスにイタリアに行って、王宮のために、すばらしい絵を購入させ蒐集させたことです。スペイン帝国が滅亡する寸前でしたけれども、金に糸目をつけずに、ベラスケスという歴史的な画家の目が素晴らしいと思える本当にすばらしい絵を買いまくりました。そのことの意味は二つあります。一つはそのコレクションをもとにプラド美術館という絵画の歴史を展望しうる素晴らしい美術館ができたということです。

もう一つは、ベラスケスがルネサンスの巨匠たちの絵を多く、直接目にしたということです。このことでベラスケスは彼らが何を目指したか、何をしたかを知ることができました。だからこそベラスケスはその先を目指し、それを実現することができました。つまりフッリッペ四世は、ベラスケスをベラスケスにするための役目を担って、画家とパトロンの良き関係を創って、歴史的な画家と美術館を遺したということです。

福原　私はパトロンとは何かをずっと考えてきました。皆さんはパトロネージュされるクリエイターの立場なわけですが、では、パトロンとクリエイターの一番良い関係とは何でしょうか。谷口さんが今、その一つを紹介してくれましたが、もう一つの例として、ワーグナーとルードヴィヒ王との関係があります。もし、ルードヴィヒがいなければ、ワーグナーはいなかったでしょうし、その後の音楽もなかったかもしれません。

しかし、ワーグナーとルードヴィヒの関係は単純に良い関係ではなく、だましあいの歴史でした。だから、パトロンとパトロネージュされる人との関係は相対関係であることには間違いないのですが、それはいろいろな形で発現します。複数の関係かもしれないし、ピカソのようにシステムとして発生するかもしれません。

ここにお集まりの皆さんは、入社時に、一生、好きなクリエーションをやりなさい、とフェリッペ四世に抱えられたようなものなのですから、ここを乗り越えてやろう、という意欲がなぜ自ら湧いてこないのだろうという疑問も出てこないわけではありません。そうしたことを含めて、パトロンとパトロネージュされる人との関係を今までの話を通じて理解していただければと思います。

私はパトロンとクリエイターの関係を、良い作品ができたら、買い取ってやる、というものとはまったく思っていません。例えばコクトーとレイモン・オリヴィエは友達であり、友達の店に毎日食べにいき、競いあいをしていたわけです。一方は食べ方を見ており、もう一方は目玉焼きのつくり方が毎日変わるかどうかをきっと見ていたのでしょう。

いろいろな関係があるのですが、いずれにしてもできあがった作品は必ず相対関係のもとで、白日の下で評価されるわけです。大切なのは、人間はどうやってイマジネーションを膨らませることができるのだろうかということです。

先程、谷口さんがイマジネーションと妄想は違うと言われましたが、私は妄想になっても構わないと思います。四国と本州をかける大橋は、九九年前に大久保さん（大久保諶之丞《たんのじょう》）という香川県議などを務めた政治家が、一〇〇年後に橋ができるだろう、と言いました。当時は、あの人はおかしなことを言う、と言われたそうですが、九九年後に四国の大橋が開通し、大久保さんの碑が建ったわけです。だから、妄想であれなんであれ、人が考えないようなことに先鞭をつけるだけでも良いのではないかと思います。

それから、ウブドでは形は違うけれども、文化経営を我々とまったく同じ発想で行なっていることを知りました。成功をおさめているように見えるのですが、これには社会システムの規模の問題もあると思います。ニュージーランドは人口三〇〇万人ですが、大変な行政改革を行い、国が立ち直り、活性化しつつあると言われています。私が会った政府高官が盛んに自慢するのですが、同じことが一億三千万人の日本でできるかというと、規模が大きすぎて難しいかもしれません。なんにしてもスケールの問題というのは極めて重要です。

資生堂はこれからどのようなシステムを持てば良いのかと言いますと、文化経済論的な方向で進むことがひとつの道であり、世の中も、そうした方向に進みつつあると思います。

例えばオレンジジュースの生産はどの農協でもできるのですから、量産自体には意味はないわけです。だから逆に、私たちは同じ量産であっても高度なレベルのもの、あるいは量産ではないもので高度なレベルのものをつくり得るのではないかと思うのです。つまり、経済だけのシステムで考えては、ヨーロッパとか、アジアの後進国の会社と同じになってしまいますから、私たちは文化と経済を一体化した、さらに高度なものをめざすべきではないでしょうか。

スカワティさんが芸術を振興することで、他のものも得られるのではないかというお話をされましたが、経済的な進歩を組み入れながらスタートされたのか、それとも、そうは考えなかったけれども、何かが起きるだろうと思ってスタートされたのか。そこのところはわからないのですが、私たちは経済的な進歩と、感性的な進歩を同時に組み込んだ形で、会社の経営を考えていくべきではないかと思っています。

次に商品をめぐる問題についてお話ししたいと思います。先程、谷口さんが書かれたチームカマラ・プロジェクトのまとめについてお話ししましたが、そこにこういうことが書いてあります。私たちは一個のモノを買う時、実態としてのモノと同時に、虚像に過ぎないかもしれないけれども、しかし、明らかにもうひとつのリアリティとして存在するイメージを買っていると言って良い。

物質以外に存在する、もうひとつのリアリティのことをイリュージョンと呼んで良いかもしれません。先程、イマジネーションについてお話ししましたが、これもひとつの虚像であり、流行の言葉で言えばバーチャルになると思います。しかし、字引をいくら引いても、バーチャルの適切な日本語がないのです。

バーチャルの元になったバーチュは、美徳や貞操や長所、さらには、効き目や効力を意味するのですが、バーチャルになると、事実上とか実質的にという意味になり、反対になるのです。その意味では、バーチャルの適切な意味はわかりません。

ただ世の中には、リアルを超えたものがあることは間違いありません。私たちが認識するリアリティには、実はリアリティのないものも含まれているのです。

谷口　近代になって、モノが量産され、写真や印刷が普及し、輸送が広域に渡り、大衆が巨大な人数、あるいは国境を越えてマス化するとともに、イメージの問題が、特にカラー印刷ができた段階から非常に重要になってきました。

例えばソーセージやキャンディーが村でつくられて村で売られていた時には、あの人がつくったあれはおいしい、といったリアリティを生活のなかで確かめられるわけです。しかし、それがパッケージされて、つくられた場所とは違うところで売られていく時、そのリアリティをどのように支えるのかといった時、広告やコマーシャルのイメージ戦略の必要性が出てきました。

初期の頃にはとんでもない広告がたくさん出ました。典型的なものに、これを使うとハゲがたちまち治る、という医薬品の広告とか化粧品の広告がありました。こうした誇大広告は普通に聞けば信じられるはずはないのですけれども、多くの人が騙されたりして、訴訟騒ぎも起きたようです。

一八六〇年代に、写真製版によるカラーリトグラフという技術が発明された時、ハバナ葉巻のパッケージがその技術でつくられました。葉巻の箱にラベルが貼られるのですが、そこに描かれたものは、最初はハバナの景色や、どこでつくられたかということでしたけれども、そのうちに、テーマがだんだんと変化していきました。

私は以前、ハバナ葉巻のラベルに注目してそのデザインを集めた本を出したことがあるのですが、ハバナ葉巻は、特別な顧客を相手にして、トロピカルですとか、エキゾチシズムですとか、顧客が好むようなイメージを意識的に活用して展開した最初の例になりました。面白いことに、そこには現在の広告の手法の多くがすでに展開されています。

ハバナ葉巻は高価な嗜好品で、ある意味ではなくてもかまわないものです。必ずしも必要とされない商品の、どんな価値をどのように付与するかを、ずいぶんと考えたのではないかと思います。

そこで使われた戦略の一つは、遥か遠くのカリブ海から来たというカラフルなイメージです。当時はバリやタヒチなど、いろいろなところに航海できるようになって、そういうところに旅行したいなという、中産階級の人々の憧れを刺激しておりました。そうした時代の風を受けて、ハバナ葉巻のラベルでは、週替わりで絵を変えてカラフルにエキゾチシズムを展開しました。

もう一つ、当時は、これから近代という時代になって、安くて質の悪い大量生産大量消費の時代に向かっているということに対する不安感を感覚で感じている人たちが、特に裕福な人たちの中にたくさんいて、近代化の流れに逆らう、いわゆるダンディズムというのが流行になってもいました。その層の感覚と、高価で貴重で綺麗なラベルの貼られた箱に入っているハバナ葉巻を優雅にくゆらすというスタイルとが重なり合ったわけです。

ダンディズムに向かった人たちというのは、時代の流れを直観的に感じとり、それに反発して、滅びゆく美学を実践している人たちで、そうするだけの経済的な余裕のある人たちです。その美意識と直結する形でハバナ葉巻は、ラベルによる、今日でいうコマーシャル戦略をうまくつかって、商品を高級ブランドにすることに成功しました。

そこでは、バーチャルといえばバーチャルですけれども、イメージの力と、商品の特殊性と、それを喚起する力が、うまく重なり合っています。つまり葉巻をくゆらす伊達男にとっては、ハバナ葉巻はダンディズムの象徴であり、富裕階層の証であり、自らの美意識の発露でもあって、つくられたイメージに支えられていたとはいえ、彼らにとってはリアリティに満ちてもいたわけです。

ハバナ葉巻の場合は、イメージと商品とイメージ戦略とがうまく作用した例ですけれども、インチキ毛生え薬の場合は、商品の実態とイメージとの間に致命的なギャップがあったので、流行を生み出すのではなく、訴訟に行ってしまったわけです。でもどちらも、当時非常に目新しかったカラーリトグラフという技術を用いたという点では同じです。今日でも、そういうギャップとか一致感とかが、ますます重要になっていると思います。

それと、先ほど福原さんがおっしゃられましたけれども、これからスケールが重要な要素になってくると思います。生産の場を離れて、物が流通していく時、それが缶詰のような食物であれば、食べてみないと美味しいかどうかわからないはずなのに、店に並べられてある缶詰を食べたことがないのに買うということがよくあります。その時、その缶詰がそれなりのイメージをまとっていなければ売れるはずがありません。でも、どこに行っても目について、なんとなくラベルが美味しそうに見えれば買うということもあるでしょう。

人間はイマジネーションが非常に強いですから、例えばコカ・コーラが流行れば、最初は変な味だなと思っても、流行っていてみんな飲んでいるから、もしかしたらそれは現代的な味かもしれないということで買ったりもします。たくさん出回っているので飲んでみるということです。もしかしたらこれがかっこいいのかも、という風に、自分の身体感覚をイメージが上回ったりすることがあります。つまりマスイメージが感覚を超えてしまうわけです。

重要なのは、流行っていて、たくさんの人が飲んでいれば、それを飲むのは今風だと思ってしまうということです。物そのものは変わらないのだけれども、物をとりまくイメージ、あるいはイリュージョンが、あるスケールを超えてたくさんあると、判断がそれに従うということがよくあります。あるスケールを超えた量のイメージは商品をシンボル化する力を持っています。それで近代は、コマーシャルとかを大量に打って、既視感を持たせるという作戦をしばしばとってきました。

競合相手も同じようにしたりして、競争が激化すると、広告のスケールがどんどん大きくなったりしますけれども、しかしこれからはそれでは通用しなくなっていくでしょう。

私がハバナ葉巻の例を通じて言いたかったことは、量によってではなく、質の違いに訴えるシンボルの創り方もあるだろうということです。

ですから、全体として優れた表現であれば、時代の方向性や人間や文化の本質を表すシンボルになったり、それを実行している企業、例えば資生堂そのものがシンボル性を持ったりして、大衆が求めているリアリティを代弁して美意識そのものを牽引することもあり得ます。ただ、物それ自体にとらわれすぎると、イメージが膨らまないということも起きますから、その辺は難しいです。

福原　時代のなかでイメージのありようやクリエーションやプロデュースがどのように変わっていくのか。あるいはプロデューサーは時代の中で自分の行為をどのように変えていくのか。それによってクリエイター自身はどう変わっていくべきなのか。この辺を皆さんは案外、意識しないまま、ひとつのスタイルに固執して、スタイルだけをつくり替えていこうとして、進歩することなく、結果として時代から遊離してしまうことがあるように思えてなりません。

時代とはひとつの空気感です。例えば高い周波数と、低い周波数を送った時では、その伝わり方が当然違うように、送る波動によって伝わり方は違いますし、時代によって、空気の濃さや組成も違います。だから時代の違いに応じて、異なるものを送りだすことを、プロデューサーがいち早く見つけて、クリエイターに伝えていかないといけないのではないでしょうか。

ゴヤの場合、クリエイターであると同時にセルフプロデューサーであったわけですが、今は時代が違います。ダ・ヴィンチやセルジュ・ルタンスのように、すべてを行なうことも可能なわけですけれども、分業化することでもっと大きなスケールを動かせる時代になりました。そのチームワークも、何も東京に限ったものではなく、イッセイ・ミヤケの商品の例を見ればわかるように、ニューヨークとパリを結んで、商品づくりをすることも十分にできるわけです。つまり、時代をどのようにつかむのかが重要だと思うのです。

これはひとつの話題としてお話しいたしますけれども、東京から成田に行く間に、ＮＨＫラジオを聞いていましたら、浜松医大の金子満雄先生が認知症についてお話しされていました。金子先生によると、人間の脳は二十歳がピークで、その後は少しずつ落ち始めていくのですが、六十歳でも二十歳の半分ですから、その範囲内ならば物忘れをしても心配する必要はないそうです。

また永六輔さんの友人が九州大学の精神科医をされているそうですが、私は認知症ではないか、という患者がたくさんくるそうです。その人たちに、あなたは小学生の頃、宿題を忘れた経験はありませんか。教科書やお弁当を忘れて、家に取りに帰った経験はありますか。経験のある人は手をあげてください、と質問すると、全員が手をあげるそうです。そこで、そうでしょう。あなたは昔から物忘れをしているのですよ、と言うと心配がなくなるそうです。

別のジョークにこういうのもあります。物忘れには四つの段階がある。第一段階は人の名前を忘れる。第二段階は人の顔を忘れる。第三段階はズボンのチャックを上げ忘れる。第四段階はズボンのチャックを下げ忘れる。新橋の料理屋のおかみさんに聞くと本当にそうなんだそうです。

そうならないようにどうすれば良いのかというと、金子先生によれば、右脳を使って、スポーツとゲームと芸術の三つで感動を体験しないと認知症になりやすいそうです。だから、学校の先生と役人がなりやすいそうです。感動の本質とは右脳を動かすことですが、即時的には新しさに感動することなのだそうです。


私は今朝の六時半に、聞いたことのない鳥の鳴き声を聞いて本当に感動しました。私は感じすぎてしまっているのではないかという恐ろしい感覚にとらわれましたし、遠くの方のディティールもよく見えるのですが、でもこれは、一種の感動だったと思います。

ただ、新しいものに出会っても、良いものでなければ感動はしないわけです。新しくて良いものに出会った時の感動を社会に提供することが、私たちの役目ではないでしょうか。

具体的には新しさ、という要素が非常に大切なのですが、もうひとつ常にある感覚として、懐かしさというものがあります。この道は普通ったことがある、何処かで見たことがある、というデジャブのような懐かしさという感動もあるわけです。

つまり物質や量的なコマーシャルだけでは今や感動は与えられないということです。鳥が唄うのはここは私の縄張りだ、とか、あるいは、私を愛してください、と言っているということかもしれませんけれども、ともかく何かのコミュニケーションのためなわけです。先程、遠くの寺院の太鼓の音も聞こえたと言いましたが、それも命のある人間が命のある太鼓を叩いているのを命ある私が聞くということで、そこに生じたコミュニケーションによる感動なのだと思います。

これは実態とプレゼンテーションやデザインを含めた、ひとつのイリュージョンの世界でもあって、これはある種の大魔術です。大魔術はタネそのものは大きなものではなくても、見ている人に非常に大きなイリュージョンを、一種の感動をもたらすことができます。そういう魔法を、あるいは物にイリュージョンを纏わせることを、私たちはどうやればできるのでしょうか。そのことに挑戦しなければいけないというのが、現在の私の心境です。


谷口　福原さんは今、大変本質的なことをおっしゃられました。ほんの少し付け加えますと、私たちが、安定を求めながらも変化を求めるという矛盾した要素を内に抱えた存在だということも、感動やイマジネーションということと密接に関係しているように思います。

福原さんは新しさと懐かしさのことに触れられました。その通りだと思います。そして時には、新しさの中に懐かしさが、懐かしさの中に新しさがあったりもします。新しさにしても懐かしさにしても、これはどちらをとるのかということではなくて、大切なのはバランスのマネージメントだと思います。

同じように、やさしさや安心感と危なさという要素もあって、危なさがないものには新しさやときめきがないということもあります。今いるところから別なところへ行くことはリスクをともなうわけですから、やさしいだけとか、歩き慣れた安心できる道とは違った何かがそこにはあります。そういう微妙なバランスを感じさせないものは、美しいものとして存在できないのではないかと思います。

先程の、福原さんの右脳の話を聞いて思い出したのですが、一九世紀に版画家であり、セルフ・プロデューサーでもあって大成功をした、ギュスターヴ・ドレという人がいました。この人のパリで一番大きかったアトリエはいろんな人が集まるサロンで、ドレはそこで曲芸をしたり、バイオリンを弾いたり、もちろん絵も描きましたが、オペラの衣装を考えたりしましたし、山に登ったりもしたスポーツマンでした。

若い頃にスターになったドレは工房を設けて、優秀な、彼の作風を理解する彫り師をたくさん雇っていました。自分は版木に墨で絵を描いて、それをスタッフが彫って木版画にしました。つまりチームでした。自分のイメージを自分が納得できるレベルの版画にするには、そうする必要があったということです。

もう一つの理由は、大量に作品を創りたかったからです。ドレは小さい頃から古典文学の世界を視覚化するという夢を持っていて、その夢を、『聖書』や『神曲』や『ドン・キホーテ』といった作品でどんどん実現していきました。言葉の世界を大量の絵で物語るという、映画を先取りする方法を発明したドレは、とにかくたくさんの場面《シーン》を描きました。

ドレにはナダールという写真家の最初のスターだった親友がいましたから、写真に何ができて何ができないかということを熟知してもいました。

写真の登場によって絵画は二つの方向に分かれました。ひとつは印象派が行なった、独自のタッチで描いた、印象としてでしか表現できないものを表現すること。もうひとつは写真には写せない場面を描くことでした。

古典的な表現とは異なっていた印象派の人たちは最初、評価が低くて、作品を発表する場がありませんでした。ドレはそれをかわいそうに思って、ナダールに頼んで、彼のスタジオで展覧会を開けるようにしました。それが今や有名な最初の印象派展です。この三者がこうした接点にいたことは大変面白いと思います。

ともあれ、福原さんがおっしゃられたように、今は、ターゲットを設定してチームでシステム的に表現するスタイルが行われていますけれども、ドレはその先駆けのようなスタイルをとっていました。現在はインターネットなど、別のツールが出てきていますから、どのようなチームでどのようなシステムを用い何を追求するかということが大きなテーマになってきていると思います。

福原　谷口さんから先程、テクノロジーの進歩があった時、表現も進歩するという話がありました。ということは、現在のエレクトロニクスやテクノロジーの進歩により、表現が飛躍的に進歩する可能性が十分にあるということです。もちろん逆の危険性もあります。学者のなかには、インターネットですべて用が足りるという妄想をもたれている人もいますが、私はそういうことは絶対にないと思います。

ＮＨＫが開局してまもなく、大相撲のラジオ放送が始まりましたが、相撲協会の人たちは、相撲をせっかく見にきてくれる人がいるのに、ラジオ放送をしたら、両国国技館はがら空きになるではないか、と反対しました。しかし放送を始めたところ、まったく影響がなかったどころか、ラジオを聞いた人たちが国技館に押し寄せて、ラジオが逆に相撲の人気を高めたわけです。

その次に相撲がテレビで見られるようになり、さらに東京オリンピック以降はカラー映像で見られるようになりました。両国国技館の下手な席よりは、はるかに良い状況で見られるようになったにも拘らず、現在も両国国技館の切符を買うのが難しい状況が続いているのはどうしてでしょう。

また電話が発明された時、これで人と人は会わなくなると言われました。しかし電話は、人が会わないで済むためにも使われていますけれども、この次はどこで会いましょうか、ということのためにも使われていて、電話は人と人が出会うのに、何の障害にもなっていないわけです。

私の恩師である京都大学の渡辺先生は電気工学の専門家ですが、定年後にフランスに行き大変苦労されたそうですが、そのひとつに、教授にアポイントメントをとっているのに、大学の研究室に行くと、その人はいつも三〇分くらい長々と電話をしていたそうです。話の内容はうまいレストランを知らないか、うまいワインはないか、奥さんや娘さんは元気か、というようなことなのですが、延々と話して、お客さんを待たせていることを意に介さないそうです。その電話のあとで、渡辺先生との用件が始まるわけですが、電話によって人間同士の絆がより深まることもあるわけです。

コンピュータシステムがどんどん発達して、電話や通信を超える新しい通信手段になり、決算もそれでできるようになるそうです。それで銀行の多くがいらなくなるそうですが、現実にニュージーランドでは銀行の支店をほとんど閉鎖して二四時間のATMにしたそうです。ただ、それでも日常の買物は商店でやらなければいけないし、カードを使ってもスリットを通さないといけませんから、人と人の出会いは無くならないし、コンピュータが発達すればするほど、人と人との触れ合いは、むしろ重要になってくるでしょう。

去年の秋、パリで日仏経済人会議の総会がありました。皆さんが長い演説をするものですから、時間がだんだんと遅れていくので、日仏両国の共同議長が相談をして、コーヒーブレイクの三〇分を無くしましょう、と宣言したところ、フランス側から三人ほど、議長、反対、という声があがりました。日本から大勢の人にきていただいて、ここでなぜ会議をしているのか。会議のためだけならば電子会議で十分ではないか。ここにはコーヒーブレイクの時のコーヒートークのためにきているのだから、ということでした。

その時は結局コーヒーブレイクはなかったのですが、コーヒーブレイクの時に見知らぬ人が出会って、お互いに顔見知りになり、まったく違った情報を交換することがいかに必要かがわかると思います。コンピュータが発展すればするほど、そのことが重要になるわけです。

コンピュータにより、人間の外部にある処理能力が増えることは事実でしょう。もしそれによって人間の精神が縮小してしまうとすれば、昨日のシジャさんの話にあったように、それは人間ではない人間になっていくことだ、と考えざるを得ないわけです。会わなくても良いものは機械で処理をしたとして、それでも人間は出会わなければなりません。

それから、コンピュータは、文字や言語、印刷の発明に続く、第四の大きな革命であると言われていて、確かに表現は大きく変わって行かざるを得ないでしょう。しかし、現在の技術的な側面の延長で果たして良いのかを考えていく必要があると思います。そういう課題が私たちの前に立ちふさがっていることを指摘しておきたいと思います。

谷口　テクノロジーが進む時、それがカバーできないものが必ずあり、それを補完する何かが必要となります。テクノロジーは常に過渡期であり、とらえられていない領域、あるいはそれが進歩すればするほど、とり残すかもしれない領域があります。

またこのＦＡクラブのように、時間と場所と美意識とテーマを共有することでしか伝えられないこと、あるいは起きないこともあると思います。例えばここでの話を文章にして、誰かが日本で読めば意味は伝わるでしょう。けれども、ここに参加された人たちが感じるような豊かさとは違うでしょう。その意味では、私たちは大変ぜいたくな体験をしているのです。

また新しさについて一般に勘違いしやすいことは、新しいことが自分の外側にあると思うことです。新しいものは何か、と外部を探すことは間違っています。メガトレンドは何かを認識することは良いとしても、新しさを外側に求めることからは感動は創り出せないと思います。

そうではなく、自分が、これは新しい、と感動したことは何なのか、しかも、これは他の人たちも新しいと感じて良いはずだ、と思えることは何かということがクリエーションには重要なのではないでしょうか。ここにお集まりの皆さんはクリエーションや表現に携わっている方ばかりですけれども、このことがとても大切なことではないかと思います。

新しさとは何かをもう少し掘り下げてみると、今まで自分が知らなかった何かを感じることで気持ち良くなる、あるいは気分が高揚することではないでしょうか。それを感じた瞬間、人はある意味では生まれ変わるのかもしれません。歳はとっていくし、背丈も変わらないのですが、イマジネーションの世界は刻々と変化しますし、感動の瞬間ごとに、人は生まれ変わり得るのだと思います。それが感動というものが持つ力です。

また発見しようとしさえすれば、世界は無限の豊かさを秘めています。近代においては、豊かさが数値化されたり、組織の役職の上下などに位置づけされたりしてきたわけですが、現在は近代がとらえきれなかったことで、人間がもっと感動して良いことは何か、というところに表現の最前線は移っています。その時、自分が本当に感動できることは何か、それを自分で見つけられるかどうかが問われていると思います。

福原　いろいろな問題を投げ掛けたり、私の試論を展開させていただきましたが、要するにみなさん。世の中に感動を与えるような商品づくりをやっていこうではないですか。喜んで買ってくれるだけのものならば、私はいくらでもつくれると思います。それよりも、あーっ、良いものができた、きれいなものができた、素敵だ、とお客さんが感動する商品をつくっていくことができるのではないか。それを目指しましょう。それを私の今日の結論としたいと思います。

最後に、個人的には昨日以来、私にはこんなに感じることができる能力があるのか、とびっくりしています。やはり、バリにきて本当に良かったと思います。私は蘇生したのかもしれません。

残念なことに、今日で日本に帰らないといけないのですが、私自身、帰国しなければいけない用件は、実につまらないものと思っていました。私は中央区の主催する「東京湾大華火祭」の実行委員長を務めており、最終の実行委員会で詰めないといけない細部もありますから、どうしても今夜中に帰らないといけないのです。

何とばかばかしいことか、と思っていたのですが、昨日の僧侶のスガタさんのお話を聞いて、その考えを改めました。また、別の場所で高階秀爾先生が、都市における営みの重要性を説かれたのを聞きました。高階先生は、「東京はわかりにくい街だ。パリやローマやロンドンは見ただけでわかるが、東京は見ただけではわからない。ただ、その奥に語り継がれるものがある。季節ごとにお祭りや行事があり、それが都市をつくっている。このように二つのタイプの都市があることを知らなければいけない」と言うわけです。

だとすれば、東京湾の花火大会は今年で一〇回目になりますが、これからも続くでしょう。一尺五寸の花火玉が上げられるのは東京湾だけですし、品川区から中央区まで見られる大きな花火大会なわけです。スガタさんの話にあったように、コミュニティの記憶の存続のために、私がその実行委員長になったのですから、やはり帰らないといけないのです。

それにここには再び戻ってくれば良いのですし、そうすればまた蘇生して、もしかしたら私は、だんだんと若返るのでないかと思います。

2　プロジェクトの総括（二〇〇〇年一月）

谷口　一九九五年から九九年にかけてＦＡクラブという旅を行ってきました。福原さんをキャプテンとし、私たちはナビゲーターをして、資生堂の未来を担う方々と一緒に旅をしてきました。その全体の総括といいますか、印象を、福原さんと話し合ってみたいと思います。

まず、どうしてそういうことを福原さんに提案して始めたのだろうかと、私なりに振り返ってみますと、最近よくグローバル時代、とか言われていますけれども、それはどういうことかといえば、グローバル経済というような新自由主義的なことではなく、本質的なことをわかりやすく言えば、たとえば、個人、家庭人としての個人、会社の社員としての個人、あるいは世界のなかの個々人、これまでどちらかと言えば、ばらばらに考えていたようなことを、同じ次元で個人も社会も考えなければ、もうやっていけない時代に来ているのではないかと。みなさん、そのことを自覚しながら生きていきましょう、仕事をしていきましょう、ということが根底にあるように思います。

そう考えたときに、これから世界のなかで、大きな変化の時代の中で、会社のなかでクリエイティビティを発揮しようとする場合、どうすればいいのか。あるいは自分はどのような価値観を持ってどのような場所に立てばいいのか。会社や社会を良くして行くためには、どうすればいいのか、そういうことを何らかの刺激や感動と共に考えることが、日々の仕事や、さらには生きて行く上でも役に立つのではないか、そういう意図で始めたように思います。

福原　そうですね。私たちの会社では、これまでも社内の私塾みたいなこともやってきました。いろいろな観点からメンバーを集め、いろんな形で、例えば「伝承・文化塾」（福原社長・会長が主導した別の幹部社員研修プロジェクト。合宿形式で九六年から五回実施。プログラムを設計した協働者は松岡正剛、いとうせいこう、藤本晴美の三氏）、という形で、創業以来、まだ一三〇年しか経っていませんけれども、でも、その間に醸成してきた企業風土なり企業文化なり、そういうものをもう一遍思い出して、みんなで共有していこうというような場を創ってきたりもしました。

けれども、このＦＡクラブは、それとは必ずしも関係がなくて、場合によってはそこの卒業生が入っていたりもしていますけれども、主として中間管理層、これからの活躍を期待している皆さんに、会社の日常の仕事におぼれてしまうと、どうも外が見えなくなってしまうところがありますから、いま谷口さんがおっしゃったように、世界を考えるということ、しかもそのことを世界の中の特定の場所に身を置いて考えてみる、さらにそこに住んでいる人や、そこで重要な役割を果たしている人たちからお話を聞いてみて、その人たちの世界観に直に触れてみるということは有意義なのではないかと思いました。

先ほどの塾の中で私がお話をする、というような方法ではなくて、それよりも一度、共同体験をしてみましょう、ということだったと思います。共同体験というのは、みんなで同じことを感じるということではなくて、例えば二〇人参加すれば、二〇人の人がたとえばどこかで三班か四班に分かれて、違った行動をとって、再び集まって、今日はどういうことがあったか、というようなことを話し合ったりして、そういうことを繰り返すわけですね。そうしますと私も含めて、みんな自分が体験した以上に共通の感覚、あるいは共通認識というものを膨らませることができるということなんでしょうね。

谷口　本当に三日とか四日とか、そういう時間を、福原さんも一緒にいていただいて、いろんな場所、特別な文化や価値観を持った場所を旅する、一緒に旅して時間や空間を共有するということを具体的には行ったわけですけれども、ＦＡクラブの意図をもう少し掘り下げて、その意味や想いやプログラムの立て方ということを確認のために申し上げますと、プロジェクトをスタートさせるときに、福原さんと、このようなことを相談いたしました。

ＦＡクラブというのは、略してそう言っていますけれども正式には、**Fukuhara Fundamental Academy of Arts**と言います。Ｆが二つＡが二つあります。最初のＦはもちろん福原さんのＦ。次のＦはファンダメンタルということです。普通に言いますと、ファンダメンタルというのは、インフラですとか、いろんな基礎構造的なことを指すわけですけれども、ここで言いたいのは、企業はこれからの時代、あるいはそのなかの個人は、これからどういった基礎条件を頭に入れて、何を大切にすれば、これからの時代や社会をより豊かで創造的なものにしていけるのか、その根本を考えましょうということです。

それと、資生堂が百何十年もの間、社会の中で生き続けてきたということは、逆にそれだけの長い間、社会から支持されてきた営みの歴史でもあるわけです。そのときに創業者の方から福原さんに至るまで、資生堂が何を大切にしてきたのか、何を提供することによって人々に受け入れられてきたのか、これから何を大切にして行くのか、それを象徴する存在としてのFです。

その次のアカデミーというのは、日常の経済活動からちょっと離れて、本質的なことを一緒に考えましょうということです。

もう1つのAはArtsのAで、これは芸術という意味ではなくて、福原さんがいつもおっしゃっておられるように、経営というのは一つのアート（技術）ですし経営にも個的な感性が働いていないとだめでしょうということと、それだけではなくて、社員としてであれ経営者としてであれ個々人としてであれ、同じように自己マネジメントが必要でしょうということです。

もっと言えば、国のマネージメントにも、ある種のアート（技術）や美しさ、そういうものが必要でしょうということがあって、そういう意味を込めて複数形にしてあるわけです。それを一種の課外活動としてやりましょう。そこでは福原さんが先ほどおっしゃったように、五感を動員して旅を体験しましょうということです。人間というのはともすれば観念的な意味とか価値とか数字とか目的とかロジックとか、そういうことにとらわれがちですから、会社を離れた場所で、そういうものにとらわれないで五感を解き放っていろいろと考えましょうということだったと思います。

福原　ロジックならいいんだけれども、それがしばしばレトリックとして使われたりしますからね。一旦そういうところから離れて、五感を使って、体を使ってみれば、別の価値を見つけることもあるのではないか。そういったことを考えるようなプログラムにしましょうということです。

それがファンダメンタルということの一つの意味です。表層的なことにとらわれないで、もっと本質的な、普段は見えないものを見るような訓練をしましょう、ということですね。

それで、そのような本質的なものを見る訓練をしていくと、ふだん閉塞した状況で、もうこれ以上考えられない、ということから解放されて、もっと違った角度でクリエイティビティが発揮されるような、そういう自分をつくっていくことにつながるかもしれないということです。

もう一つ重要なことは、会社でも自分でもそうなんだけれども、今の時代というのはみんな自分探しをやっているわけですよ。特に日本は、隣と同じような坪数の家に住み、隣と同じようなクラスの車に乗り、それで横を見て、同じような生活をしていくということが望ましいというような横並び的な社会になっています。それはそれで一つの日本の社会のありようだとしても、でもそれだけでは、これから先の世界的な競争にはとても太刀打ちできないのですよ。

横並びから脱する、あるいはそうでないことを伸ばしていくには、やはり自分自身の創造力というのは何なんだということを確かめていかないといけない。一五人なり二〇人なりが集まって行う旅というのは、まさにそういうことが可能になるスケールですね。

谷口　面白いと思うのは、同じ場所を見ても同じ景色を見ても、人それぞれで反応の仕方が違うことですね。それと、ここではこれを学んで下さいということを最初に提示していませんから、後で印象を聞くと、それぞれが違ったことをおっしゃられたりします。その辺の面白さがありました。

福原　しかも、このような旅をしてみると、何だ、あの人はあんなことしか見ていないじゃないか、というようなことはあまり起きなくて、むしろ、違った価値観を尊重するような自分ができてくるところが面白いんですよ。

谷口　いま福原さんがおっしゃられたように、日本人は横並びの傾向が強いわけですけれども、人間というのは、それとは反するような欲求をどこかに持っていて、やはり人と違っていたいと、そういう気持ちを無意識のうちにも押しころして生きているような社会であると思うわけです。

ですから、同じ時空間で同じものを見ながら、そこでいろいろなことをフリーに考えるということのなかで、自分と他者の違いを対象化する。そして自分が思っていることを表現する。そういうことも一つの技術であって、発言の際には、そのレベルを自ずと自覚せざるを得ません。日本にいると、同じような人たちが同じように生きていると思っていたけれども、こうして旅をしてみると、その土地その土地で、全く違った生き方をする人たちがいるんだな、ということを考える良い機会にもなったかなというふうに思います。

福原　僕自身が、これは何回もお話ししていますし、いろいろなところに書いてもいることですけれども、バリ島に行ったときに、不思議な霊感みたいなものを感じて、ちまちました自分探しというのは昨日で終わりだ、それはもう必要なくなったと感じたわけです。

谷口　福原さんと私が対話をする時間があって、そのときにいきなり、自分探しをするのはもうやめだと最初におっしゃったので、私はびっくりしたんですけれども、それは本当に福原さんの生命の奥深くにあることと、その場とに何か通じ合ったものがあって、そういう言葉になって出てきたんだと思うんです。あれは非常に印象的でした。そういうふうに、いろんな方々があるきっかけによって、眠っていた自分なり、いろんなものを発見していくということができればいいなと思いました。

福原　バリ島での体験というのは一生忘れないでしょうけれども、私ばかりでなくて、バリ島に行った人は結構いろいろ、それぞれの体験をしてきているということは前から言われていましたね。僕自身についていえば、どこに行っても、大体僕は朝五時に起きちゃうものだから、朝の五時に起きて、ホテルから渓谷をのぞき込んでいたら、ちょうどそのころから鳥が鳴き出すでしょう。鳥が鳴き出すというのは、一斉に鳴くのではなくて。一斉にぺちゃくちゃぺちゃくちゃというふうに鳴き出すんだけれども、そのなかで、そうですね、三分から五分交代ぐらいでその場の主役を務める鳥が出てくるんですよね。それが次々次々と変わっていくのですよ。全体の騒ぎ声の中で、通層低音があって、その上に主音があるわけですね。それを一時間ほど聞いていたところ、何か頭の上から足の先まで突き抜けるようなものがあって、途端に遠くの物音が非常にはっきりと聞こえるようになって、ふだん聞こえないようなものであるはずのものが聞こえるようになってしまった瞬間があったんですね。これは今サラッとお話ししましたけれども、本当に何とも言いようのない体験だったんですね。

谷口　すばらしい体験ですね。特にバリはそういう自然の力、息吹のようなものも強いですが、考えてみると、近代都市、大きな都市というのはそういったことに心身が触れる機会を極力奪っているわけですね。地面は舗装されている。建物はコンクリートでつくられている。窓は閉められていて空調もされている。食べ物は採れてから何段階か経て来ている、というように自然と隔てられていますが、バリ島ではそういうものと皮膚コンタクトができますね。それに一度そういう経験をすると、どこにいても鳥もいるし風も吹きますから、そこでそういう自分に戻りやすくなりますね。

福原　そうですね。その後、日本に帰ってきてしばらくして、ちょっと原稿を書く仕事があって、どうしても間に合わなくなって、四時頃起きたんですよ。うちの庭に出てみたら、やはり、ちょっと小規模だけれども、いろんな種類の鳥が次から次へと鳴いているというのがわかったのですね。しかし、それはバリ島に行くまでは気がつかなかったんです。五感が磨かれたことで、ふだん見過ごしてしまうようなことがいろいろと見えてくるんですね。

ですから、FAクラブの旅は、一五人の時も、もっと多い人数の場合もありましたけれど、みんなで一緒に旅をして、みんなで同じ時間に同じプログラムの話を聞き、お話がないときに街を歩いたりなんかするときの体験は、それぞれ別々の体験をしていますね。そういう体験をしながら、では帰ってきてどういう認識があるかというと、それは共通のところもあるんだけれども、ばらばらな部分も随分あるんですね。

後でアンケートを見たり、何に触発されたかということを見ますと、それぞれ随分違う。それでは、その後、そういう人たちが社会生活とか、あるいは会社の仕事で一体どうなったかというのは、これは本格的にフォローはしていないんですけれども、その後の状況を見ていると、全部の人とは言えないんだけれども、半分以上の人が何らかの意味で能力、あるいは判断力と言ったらいいのかな、あるいは推察力と言ったらいいのかな、いろんな力がどうも伸びているような気がしますね。

谷口　少し意図的にしたことがありまして、それは、ふだん会社の方というのは同じ部の仲間たちとやる縦割り的なことが多いわけですが、あの旅の場合はあえていろいろなところを横断してチームを組むようにしました。そのことによって、また別の広がりが出て、会社にお帰りになってからも、実は別の部署なんだけれども、一緒に何かを、ということも起きたようですね。

福原　起きていますね。それは、例えば離れた事業所の場合、普通は電話したところで話が通じないのが、個から個であればたちまち問題は解決してしまう。そういう一種のインフォーマル・コミュニケーションというのが会社の中でたくさんあるということは果たしてどうなのかという問題はありますけれども、クリエイティヴなことを縦割りを超えてやるには非常に効果的です。

谷口　ヨーロッパ人の経営者とビジネスの話をするときに、相手方を信頼している、あるいは信頼されているという関係にあると、何をするにしても非常に早い、効率という次元を超えて、余計な手間がない。いわゆる紳士協定（ジェントルマン・アグリーメント）ですね。友達になるというのはそういうことなんだと思います。

ＦＡクラブでは、福原さんが非常に敏感に、それぞれの場所で反応されるので、参加者はむしろそれにびっくりして、自分ももっといろんなことを吸収しなきゃ、本当に一所懸命見なきゃということが起きました。場そのもののテンションを高めることには、やはり福原さんの存在が大変大きかったと思います。

福原　そうですか。何かを見たり触れたりしたときに、それを感動にすることができるのかどうかというのは、一種の訓練なんですよ。でもちょっと意識的に訓練すれば、自然にできるようになります。だれでもそういう能力はあるんですよ。

例えば、鳥の声を聞いたとして、その鳥の声をちゃんと聴くと、さっきは低い鳥の声がしたけど、今度のはけたたましい鳥だなとか、そういうふうに連続でとらえると、いろんなことが見つけられて感動につながる、それだけなんですよ。

谷口　あるいは、受けた印象を、自分の内的なこととか、これからのことに関連づけて捉え、語れるかどうかということも、感じ方と同時に、大きな表現の訓練なのかもしれませんね。

福原　それと、ＦＡクラブの全ての旅に私は参加していますけれども、これは、一つの場所だけというよりも、本当は二つ以上の場所を体験したほうがいいんですね。多くの人は一つの場所しか行っていませんけれども、それは残念なことで、やはり二つか三つの場所を、それも全く異なる場所を体験すべきかもしれませんね。

例えばいまバリ島の話をしましたけれども、ハノイでは、昔の家に二〇家族も一緒に生活しているという、あのハノイの状態というのは見ないとわかりません。それに、休むところもないし家にいてもしようがないから、バイクを一日中乗り回しているという若者、あの姿というのは、実際にそういう人を見なければ、ちょっと想像できません。これは異文化というよりも、もっと違う何かですね。

谷口　プログラムはアジアが多かったですけれども、それは一つには、私たちの日本というのが今や非常に西洋化された、あるいはアメリカナイズされた側面を持っている一方、でも根底には、営々とアジアの文化的風土というもので培われたものもあるはずです。とはいうものの、多くの人は実際にはアジアのことはあまり知らない、体験もしていない。

そういう中で、現在のようにアメリカ的な一元的な物質主義、マテリアリズムが世界を席巻している中で、アジアには、そうではないさまざまな価値があるということを、バリにはバリの文化と価値が、ハノイにはハノイの価値観があるでしょうから、実は、そういう異なる文化を熟成させている場所をあえて選んだということがあります。

福原　それがよかったわけですよ。最近では、ワシントンでトマス・ジェファーソンの足跡を訪ねて行きましたね。これがまた、私にとってはかなりな衝撃というか、吸収すべきものが非常に多かった旅ですね。

谷口　最初に京都を選びましたのは、日本の中でも日本的と誰もが思っているけれども、では京都とは何かと突き詰めて考えると、よくわからないところがあります。そこで有名なお寺とか庭ではなくて、町家を舞台にしてプログラムを組んでみたわけです。

福原　京都のときは、正直言って手探りでしたね。プログラムを設計した側も出席した方も手探りだったと思うんですね。ただ町家という、私たちが京都といったときに、イメージするものと違う種類の場所を使って、しかもそこでたくさんのプログラムを、非常に窮屈な姿勢で坐ったまま何時間も過ごすとか、一種の身体的な訓練も含めて、京都もなかなか面白かったと思うんです。

あのときはこう思ったんですね。この調子で日本中を歩くと、例えば飛騨高山もあるし金沢もあるし、それこそ恐山もあるだろうし、一体どういうことになるのかなと思ったんですが、そこから世界に移ったということが、ある意味では成功の鍵だったと思います。

谷口　そうですね、日本だけを舞台にしていたら、煮詰まってしまったかもしれないですね。全体的なプログラムの立て方としては、幾つかのことを意識的にやりました。一つは何よりも五感を使って感じてもらう。つまり最初に答えを用意はしない。そのためにも、例えば食べるという文化、あるいは音楽というようなもの、そういったものを必ず入れようと思ったんですね。

だから、京都の場合も、来てもらった人は、例えば宮大工の棟梁であったりしました。そういった方たちの技術も変化し続けなければ生き延びられないわけで、料理もそうですけれども、新しいものを取り入れながら伝統を大事にする、そういったイノベーションしていく力が、ああいう古いところにはあります。お茶に関しても、あえて昔のやり方でやってみたらどうなるかと。

それから思いましたのは、日本ではなく海外の異なる文化を持つ場所であっても、同じように、それを支え、あるいはイノベートしていく、そういう力を持った人や場所があるのではないかと思いました。

そのときすぐに、まずはどうもバリ島かなと思いました。それは豊かな自然というロケーションもありますし、イスラム教が多いインドネシアの中でヒンズー教を守っているとかいう独自性もありますけれど、何より音楽にせよ踊りにせよ風習にせよ、特殊な環境の中で独自の文化を自然と密着する形で持っている。なかでも森の中のウブドという場所がポイントで、バリにも名所はたくさんあるわけですが、普通の観光地のようなところは止めて、海もやめて、あえてバリ的な文化が色濃く残っているウブドに腰を据えて、その場所と文化を支えている人たちの言葉を聞くということを行いました。

福原　その着眼というのはやはり成功だったと思います。その前に、京都にもう少し戻ると、京都では古い伝統の中に革新があって京都の今があるんだという話をしました。たしか私が京都でお話ししたことは、資生堂スタイルという一つのデザインなり、あるいは経営のスタイルのなかに実はずっと革新的な要因があった。それを私は、「反資生堂スタイルの力学」という講演タイトルで話したわけです。

でもやはり、革新的な挑戦に成功したものがその後、資生堂スタイルになってしまったようなものもある。アンチ資生堂スタイルをやって失敗して、そのまま終わっちゃったのもある。アンチ資生堂スタイルが出たことによって、従来の資生堂スタイルが大きな刺激を受けたということもありますから、そういったことをお話しするように努めたつもりです。

ところが、バリに行ってみると、もはやアンチ資生堂とか、そういう細かい概念ではなく、相対的にもっと大きな概念に取りかからなくちゃいけないということを感じました。そこではグローバルな中でのローカリズムというか、あるいはもうローカルとかグローバルということとは別に、バリという場所、あるいはウブドという場所、そういうものが一体どうしてこうなっているのか、ということをいろいろな形で考えたし、見たと思うんですよ。そのなかで影絵師のシジャさんのお話、あるいは王家の末裔であるマンダラさんの話、そういう方々の話というもののなかに非常に根源的な、また哲学的な、あるいは人間的なものがありましたね。

谷口　あのようなプログラムを組んで、いろいろな方のお話を聞いてみて本当にわかったことは、あれだけ自然が豊かで地場の強い場所に、あれだけアーチストがいっぱいいて、午前中はお百姓をしながら、午後に絵をかくというようなこと、それからお百姓をしながら、世界で通用する音楽やダンスをやるということ。その伝統というのは、決して自然に何もしなくて生まれたものではなくて、王家の方も含めてですけれども、そういうことをマネジメントしプロデュースし、それを維持する強い意思のようなものの働きがあって初めて、あの場所は成立している。ウブドはクタとは違う。その辺のところが非常に印象的でした。

福原　本当にびっくりしましたね。それに、あの方々のお話が、まるで歌うがごとくでしょう。しかも随分長いこと話をされて、プログラムを今見てみると、午前中に二人のお話を聞き、午後にお寺を見たり、さらにまた三人ぐらいの話を聞いたりしましたけれど、なぜか一向に時間がたたないんですよね。

日本であんなことをしたら、とことん疲れちゃうでしょうし、あっという間にお昼になっちゃうでしょう。けれども、バリのウブドでは不思議と全然時間がたたなくてゆったりしている。あれはなぜなんでしょうね。不思議ですね。身体的にも、そんなに疲れたという印象ではないんですよね。

谷口　おっしゃられたように、みなさん歌うようにお話しされて、私たちはバリ語はわからないわけですけれども、ただ通訳を介して知る意味以前に、話していることが、何だかわかってしまうような感じがありましたね。

特に、シジャさんの場合は、これはもう不思議なアーチストと言っていいと思うんですけれども、いろんな儀式のデコレーションをつくったり影絵をしたり、あるいはさまざまなしきたりのことを教えたり作法を教えたり、いろいろなことをされるわけですが、それらのことが技術としてでなくて体に入り込んで、あるいは哲学とも一緒になったようなことが、音楽のような言葉として出てくるという不思議さがあって、やっぱりああいうのを本当の一流、真の賢者というのかなと思ったりしました。

また参加者の方々があれだけ熱心に聞くということもまた非常に大きなことですね。それは同時に、それだけの、心からのおもてなしをしてくれているということが自ずと伝わるのかもしれません。最初の日にみなさんで食事をして音楽舞踊を見ましたけれども、あの食事のための竹づくりの瀟洒な家は、プリアタン王家や村の方々が、トータルでいえば一カ月ぐらいかかって設《しつら》えてくれた手作りの家なんですね。もちろん料理もそうですし、演目もそうですけれども、何かをするということは、やっぱり相手がいてのことで、そのときに相手が喜ぶこと、何をしたら一番喜んでくれるだろうということを考えて、相手との関係の中で最善のことをするという、そういう気持ちが溢れていましたね。関係の中に何かを成立させようとする、ちょっと私たちが忘れてしまっているような、直接の関係を大事にするということがすごくありましたね。

福原　一回目のバリのときに、今でもよく覚えているのは、みんなでお寺をつくろうといって、大勢で集まってお寺をつくりますでしょう。ところが、全部は完成させないで、ほんの少し未完成のままにするというんですね、完成させてしまったら、あとは滅びる方に向かってしまうから、というあの考え方には驚きました。今振り返ってみても、あの方々のお話というのは、ある意味で非常に哲学的なんだけれども、でも非常に論理的でも現実的でもあるんですね。

谷口　舞踊でも、善と悪がずうーと延々と戦っていましたけれども、聞いてみると、悪は善を高めるために存在しているという考え方のようで、これは深いですね。トータルに善、あるいはトータルに悪の世界というのが存在しない以上、その関係の中でどうやったらうまくできるかということを考えるという、非常に実際的な哲学ですね。

福原　若いけれども高僧のイダ・バクース・スガタさんの水利組合《スバック》のお話は、本当に何かジーンと来るようなところがありましたね。つまり、水の配分の権利を決める水利組合の長を務めておられるけれども、とても誠実で民主的で、何か問題があると、自ら長を辞して選挙をし直したり、よく働く人のいる田や、よく日が当たる良い田のところには水をたくさん回すようにするとか、その調節を水利組合の長がするという、あの仕組みというのは。共同体が仲良くやっていくために必要なとても大切な仕組みなのでしょうけれども、あれだけ急勾配なところで、水がちゃんとまんべんなく必要なところに流れるようにするというのは、大変なシステムで、しかもそれを、あのようにきちんと理論づけてやっておられるというのは、驚きました。

もちろん頭が良くなくてはできない仕事でしょうけれども、それだけでは駄目で、大切な水の権利のことですから、よほど人徳も備わっていないとできないと思います。権力でそうさせているわけではないのですよ。みんなが尊敬していなければ、その地位が保てないというのが、とても面白いですね。

谷口　あと、食事や家づくりと同じように、音楽も舞踊もケチャも村人が総出で、全員参加してやるというのも面白かったです。アーチストという職業があるのではなくて、普通の畑や田んぼを耕している人が、同時にアーチストでもあるという、こういった姿というのはバリの、特にウブドの場合の特徴ですね。

福原　マンダラ家のバグースさんやウブドのスカワティさんみたいに、王家の子孫として、先々代の方が取り入れた西洋文化をバリの中に同化して、そしてもっと新しい西洋文化については、いたずらにそれを吸収するのではなく、拒むところは拒むという風にしておられて、それがなかなか大変なんだということを言われていましたね。

今の普通の世界の楽しみに若者が染まらないように映画館をつくらせない、街に広告も出させないというのは、今時、本当に大変なことでしょうね。けれどもその代わりに、本当の喜びを学ぶということで、音楽や踊りを積極的に教えておられますしね。

影絵師でアート万能のシジャさんの、影絵芝居というのはどういうものか、という認識、あるいは作法の話というのは非常にわかりやすくて、そして我々が忘れてしまったような感覚を取り戻してくれたように思います。

谷口　シジャさんは影絵を村のお祭りのようなところでやるわけですけれども、ときには時代や政治の批判も含めて、わかりやすく語るわけですよね。そういう装置にもなっているんだと思うんですけれども、何が正しいか何が良くないかを教える場をエンターテイメントにしているわけで、まさしく達人ですね。

福原　バリはそういうわけで私にとっては、とても大きな衝撃を受けた場所です。そのあとのＦＡクラブは上海で、私はあらかじめ上海のことをいろいろ調べておいたんですが、上海というのは新しいエネルギーと、それから植民地化された頃の古い西洋文化と、それからもう一つは土着的な中国の雰囲気と、これがまざり合っているということは前もって知っていたんですけれども、実際に行ってみると、全く異なるその三つが渾然一体となっていて驚きました。しかも、上海ではバリと反対で、あっという間に時間がたっちゃうんですよね。それに非常に疲れるんです。もうお昼ころには相当に疲れる。夕方になるともっと疲れるというような。あれは何なんでしょうね。

谷口　不思議な、とにかくエネルギーが凄いところではあるんですね。上海の場合、街そのものを見ていただこうということで、福原さんにも一緒に歩いていただきましたが、感じるのは、とにかくカオス的なエネルギーそのもの、というような世界。でも、そういうカオスやエネルギーを、そのまま抱えてどこかに持っていこうとしている人がいる。どこまでできるか分からないけれども、たくさんの人、たくさんのリスクを抱えながら、この先を、ちゃんと描いている人がいる、そういう人が凄まじいエネルギーをなんとかドライブしているというのは、凄い現実だと思いました。

福原　長屋風の古い建物が近代化してしまわないように保存しようじゃないかという動きがあったり、少なくとも写真で残したり、そういうことがありながら、一方で新しい建物がどんどん建っていく。しかもそれが、さっきお話ししたように、それぞれが画然と分かれながらも渾然一体となっている。これはちょっと説明がしにくい状況でしたね。それにしても、何であんなに早く時間がたつのか、何であんなに疲れるのかというのは、私はとうとうわからないで帰ってきました。

谷口　スタッフでも熱を出したのもいましたし、疲労困憊するだけの何かがあるんですね。個人的に印象に残っていますのは、上海全体の方針を決めている人のお話を聞いていた時に、ふと、その方法論は正しいのかな、なんとなく矛盾しているのではないかと思ったので、そのことを質問しましたら、その方の表情が一変して、私の目を見据えて、君たちのように、一億程度の人口しかいない国の人間に何がわかる。十何億もの人間の今日と明日を担うということの重さがどういうものかが君たちにはわからないだろう。確かに君が言うように、私たちの考えは矛盾をはらんでいる、そんなことは百も承知だ。しかし私たちは、アクセルを目一杯踏み、そして同時にブレーキも目一杯に踏みながら国をドライブしているんだ、ということを言われてびっくりしました。そういうプレッシャーの中で政治なり何なりをやっている国は、多分ほかにはないと思う、という言葉を聞いて凄いなと思いました。福原さんがよく、秩序のある混沌、という荘子の言葉を引用されますけれども、そういう感じを受けました。国もまた生きものですからね。

福原　そうそう、生きて動いていますからね。簡単に言えば生命力のない整然より混沌のほうがいいと言いますかね。上海の次にハノイに行きましたけれども、ハノイはパリとも上海とも違って、近代ヨーロッパ、近代フランスをそのまま背負いながら東南アジアという土台に存在している、そういう感じがしました。

谷口　ハノイを選びましたのは、やはり資本主義ではない時間の経験を持っていることが一つ。それと、福原さんが今おっしゃられたように、長いベトナムの歴史に近代のフランスが溶け込んでいます。街並みも非常に美しくて、フランスが近代において獲得した都市計画の理論が用いられています。その後に来たのが、全く資本主義とは違う流れですから、そういう街では何が起きているかを見てみたいと思いました。

福原　それは本当に感じましたね。あそこで国立オペラ劇場の改装したばかりのところを初めて見せていただいた時のことですけれども、銃弾でガラス窓に穴が一つあいていたのを、そのまま残してありましたね。

ハノイでいろいろ話を伺った中で私が感じましたことは、一つは、近代のアールデコを残した立派なフランス風の建築というのが幾つも残っているということですね。

もう一つは、先ほどもお話ししましたけれど、長屋というか、昔の長屋風のお家の中に一五家族も二〇家族も一緒に住んでいるというような状況にちょっと驚きました。

それから、お話としては、ハノイ大学のファン・フイ・レ・ビエト先生のお話、ハノイの歴史についてのお話は非常におもしろかったけれども、最後にビエト先生が、「アメリカはどうしてベトナムに負けたかということがいまだにわかっていないでしょうね」と言われたのは実に驚きましたね。あのころたしか、たとえ戦争に負けたとしても、国は破れないんだ、というベトナム人の言葉を聞きました。ところが戦争には勝ったし、国も破れなかった。それは呉越の、あるいは今のベトナムと中国との関係でもそうですけれども、常にそういう状況を生き抜いてきた彼らの力があるんだなということを感じました。

谷口　それと、ハノイでは女の人が非常に生き生きとしていていい感じに見えました。それはベトナム戦争で男の人が随分死んでしまったから、やむを得ないということもあって、女の人が表舞台に立たざるを得ない、という背景もあるということですけれども、みんなとても生き生きとしていたのが非常に印象的でした。

福原　それから、ハノイ料理というのも、僕の経験したことのない種類の料理でおいしかったですね。味も濃くないし、非常に洗練されていて、いわゆる中華料理とは違いますね。どこか頑《かたくな》に何かを失わないようにしながら、いろんな文化を取り入れているという感じがしましたね。全体にですけれども、その頑固さがアメリカに勝つ根底にあったのかもしれませんね。

それから日本では、東京とはなんだろうということで、江戸、東京、ＴＯＫＹＯというアプローチで、東京にある江戸を発掘しようということで、初めは深川を中心にいろいろ見て回ったり、あるいは演劇集団「横浜ボートシアター」を主宰する遠藤琢朗さんの身体論の話を伺ったりしたわけですけれども、やはり、ただぼやっと東京にいて、銀座に通っているだけではとても見られないようなものを見たと思います。

それに洋館の古河邸ではみなさん大変感激された、というより、古河邸への愛を込めて懇切丁寧に建物や庭園のガイドをして下さった女性のプレゼンテーションにいたく感動したようで、才能というか、どうも才能だけではなくて、自然に人を魅了する一種のカリスマ性のようなものを持っておられたようですね。考えてみると、会社員というものは、会社の中でなんらかの役割、広く言えば、会社というのは社会的な存在ですから、社会の中でなんらかの役割を果たしてお給料をもらっているわけですけれども、その役割をどのように果たすか、あるいはそれが周りの人からみて、どれだけ魅力的に映るのかというのは、重要な課題かもしれませんね。案内をしてくれた女性というのは、あれだけ皆さんが褒めていましたから、職務以上の何かをしてくれていたということなのでしょうね。

谷口　東京のプログラムの視点というのは、東京は京都と比べれば歴史が浅い街なんですね。ふだんはそう意識していないし、今や近代都市ですけれども、でも京都に比べればそんなに長い歴史を持っていない。ただ、そうは言っても江戸時代からの何百年もの歴史がある。そういう都市が何を失い何を得ようとしているのか、何が変わり何が変わっていないのか、というところを見ようとしたわけです。実際そうしてみてみると、ふだん過ごしている街とは思えない面白さがありました。

福原　そうですね。また、そういうところにだけ行ったり、そういう話だけを聞いたわけですけれども、そうして見ると、東京というのは結構何重構造にもなっているということがわかってきたと思うんですね。皆さんも、そういう印象を持たれただろうと思います。それに、上海とは違った意味で、やはり進行形の都市ですね。

ところで、私はついバリのことを思い出すんですけれど、二回バリに行ったというのは、もちろん一回目と二回目ではプログラムも違いますから、それはそれで意味があるんですけれども、二回バリに行ったというのは、一回目のバリで足りない部分があったということなのかしらね。

谷口　二つの意味がありました。今おっしゃられたように、あまりにも感動された方が多かったので、できればいろんな方に、という思いが一つと、もうひとつは、一回目のときには、ウブド王家王様のスカワティさんとか、特にマネジメントをしている側の人たちのお話を聞いたわけですけれども、二回目では、ものをつくっている人たち、あるいは住んでいる場所とかに焦点を当てました。

福原　村人の踊りの中に入ってしまうとかね。

谷口　そういったところを、もう一回深めてみたいということがありましたので、バリに関してはあえて二回組んだわけです。

福原　夜、若い人たちが火を使って踊りましたね。あれは私は本当は恐ろしかったのですよ。

谷口　エネルギーがすごかったですね。あれは、一般にケチャと言われているもので、普通はもっと観光化されているものなんですけれども、あれは原型に近いケチャなんですね。村人総出で、ちょっと真剣勝負のような感じですから、びっくりします。悪魔祓いみたいなものですからね。全身を使って火の中を走り回って、やはりびっくりされましたか。

福原　それと印象に残っているのは、プライベートでいろんな事があったのでお祓いができないかとお願いして、タンパクシリン寺院に行った時のことです。シジャさんとケイコさんがご一緒してくれて、最初のプログラムが始まる前の、六時ごろホテルを出て行きました。ちょうど神官がお祈りしている頃でしたけれども、そこに、巨大なウナギが二匹住んでいるという池があって、二匹住んでいることはわかっているんだけれども、ほとんど誰も見たことがなく、ほとんど伝説のようになっています、という話をうかがっている最中に、一匹が現れて、それでくるっと回って、どこかに消えようとした時に、またもう一匹が現れました。

実は地元のシジャさんもそこには何十回も来ているんだけれども、初めて見たとかと言っていましたね。ケイコさんのだんなさんも一回も見ていないとのことでした

彼らが言うには、妙に強い気を持った人が来たので、ウナギが様子を見に来たんではないかということでしたけれども、それはともかく、非常におもしろい経験をしました。

谷口　それにしても、福原さんはバリに行かれると、何か不思議なリラックスの仕方をされますね。もう一つの故郷に来たような、というか。

福原　そうですね、バリに行くとね。さっきお話ししましたように、時間がたたないというのが僕にとってはとてもいいんですよ。ふだんの生活が忙しくて気ぜわしいですからね。ところがウブドでは、いろんなことをしても時間がたたなくて、いろんなものが吸収できる気がします。

谷口　細かく見ていくと、一見無駄なように見えることがたくさんあります。例えば、毎朝、朝晩、

小さなお花や食べ物をあちらこちらに、いたるところに供えます。それは毎日すぐにしおれて、掃かれて捨てられているわけですけれども、そういう、無駄なようにも見えることを毎日、当たり前のこととして行うということによってしか身につかない何か、育《はぐく》まれない価値感、それはある意味では近代とは別の論理というのか、思想、あるいは美意識のようなものを感じますね。

福原　そうですね。ホテルに泊まると、ホテルのなかの仏様にはみんな、新しいお花が朝早く供えられていますしね。それから、我々の部屋の前や部屋の中の花も全部取りかえられている。それからケイコさんが、ケイコさんのお嫁に行った王家の仏様、神様に毎日お供えをするという、あの話というのもなかなか感動的でしたね。

谷口　でも考えてみると、私も小さい頃、田舎へ行きますと、祖母とかが毎日、仏壇にお水をあげたりご飯をあげたりしていました。そういったものと通じる懐かしさのようなものが感じられましたね。あるいは、目には見えなくても大切にしなきゃいけないことがあるんだと、そういう気持ちが、そういう日々の情景のなかから育まれるような気がしましたね。

福原　それにしても一日しかもたないハイビスカスの花を、あれだけたくさんどこから摘んで来るのでしょう。それをお供えをしたり、ホテルの部屋の前に置いたりするというのは、これも大変なことですけど、そんなおもてなしを自然にやっていますからね。花を運んでくるときの、ひたひたという、あの素足の足音が懐かしいというか不気味というか、一種の感動を私は感じました。都会にはシティノイズというのがいつもあるわけですけれども、それが全くない静けさがつくりだす気持ち良さというのもありますね。

谷口　それから、FAクラブの舞台をヨーロッパに移しました。アジアのホットな場所を巡りましたけれども、ただ、今という時代を考えた場合に、やはり二つの非常に大きな力が地球全体に働いていて、一つはヨーロッパの力、それからアメリカの力、この二つのことは、その現実の一端でも感じる、あるいはそこからテーマを発見するということは、これからの世界の中で生きるグローバル企業としての資生堂にとってみれば、あるいは個人としても、さらには新たな時代を見据えて地球人として生きる場合にでも大変重要なことだということで、まずはイタリアのヴェネト州を舞台にしました。

福原　ヴェネト州というのは近年、ベネトン社を初め、ヴェネト州の奇跡というくらいの経済的ムーヴメントをおこした場所ですからね。ベネトンも、ヨーロッパを代表するほどの企業ではありませんけれども、でも、斬新な宣伝などを介して世界的に話題を提供しました。それにヴェネトは、ヴェネチアの本土側ですから、ヨーロッパのオリジンの非常に大きな部分を占めているところですね。ここでみんなが感じ取ったと思うのは、一つひとつの商店、一つひとつの小さな企業が、それぞれの哲学を持って商品をつくり商品を売っていくということの大切さ。それがイタリアの力でもあるのでしょう。

谷口　ヴェネトのプログラムの軸としては二つありまして、一つは、ヴェネチアという何百年も前に計画され創られた街が、そのことによって今も食べているということ。要するに、秀でた美しい街をつくってしまえば、かなり長い間、それによって食べていけるということです。

もう一つは、いま福原さんがおっしゃられたように、ベネトンなんかもそうですけれども、ヴェネトには小さな企業、ファミリー企業が多いですね。そのファミリー企業が自分たちのものを大切にしながら生きて行っている。しかもそれがベネトンのように、グローバル企業にもなり得るという現実、それをちょっと見てみたかったということです。

福原　ベネチアでは、やはり普通の観光では見られないベネチア。有名な「カフェ・クワドリ」といいましたかね、あそこを借り切ってお話をすることができたり、それからまたドゥカーレ宮殿の裏の空間を特別に見せていただきました。表と裏の、あの二重構造というのは、全く対になって、しかも普通の人には裏の面は全然わからないようになっている。入り口もないという、あれは非常におもしろかったですね。

普通は表しか見られないけれども、裏へ行くと裁判所があったり牢獄があったり、カサノバが捕らえられていたとかいう、ああいうところを見ると、これは一つの知識として、本当にヨーロッパは裏と表とでできているんだということを感じます。

谷口　ベネチアは、その裏と表をうまく使って国民の声を吸い上げるようなシステムをつくっていて、例えば、裁判が公正に行われるようにするにはどうすればいいかと、そういうシステムをデザインしていたというところが面白いですね。

それと、サンマルコも、非常に大きな広間を内包していますけれども、それは船大工の技術、船底をつくる技術を使って大空間の天井をつくっています。ベネチアはあの時代に突出した造船技術を持っていましたが、その技術を陸の建築の世界に応用することで、それまでにない空間をつくり上げたというのも面白いです。

福原　ベネトンの創業者で、当時は最高責任者だったルチアーノ・ベネトンさんと、宣伝を担当してベネトンの刺激的な広告を次々と発表していたアーティスト、写真家のオリビエーロ・トスカーニさん、それから私の後任として第十一代資生堂社長に就任したばかりの弦間明さんと私とで、資生堂とベネトンの社員の前でディスカッションをしましたけれども、どうやらそれは皆さんには結構インパクトがあったようですね。また、ベネチアの歴史的なカフェを借り切って、何しろベネチアはカフェの発祥の地ですからね。そこで私の跡を継いで資生堂の社長になった弦間さんと会長の私とが話したというのは、弦間さんや私にとって一つの体験であったし、それを聞いている幹部社員の皆さんにとっても大きな体験になったのではないかと思うんですね。歴史の継承というものも大切ですし、それをどのように行うかというのも大切なテーマですね。

それと夜、貴族のお館を設定していただきましたね。これも、やはりベネチアの本当の文化というものを知る意味では、あのような場を設定していただいたことはよかったですね。

谷口　資生堂にとっては歴史の継承というのは重要なテーマで、これはこのプロジェクト全体の一つのテーマでもあります。そして、ベネチアの歴史的な場所で、ふだんの環境や、近いスパンでの目的とか目標とかということから離れて、自分たちはどういうことを目指す企業なのかということを、トップの方と一緒になって語り合うという場所というのも意味があるだろうと思いました。

福原　最近ではワシントンとバージニアに行きました。私がそこで学んだことは、まずは米国の第三代大統領トマス・ジェファーソンという人の人物像。ジェファーソンの建築、それからモンティチェロの建築、それからジェファーソンが死んでからいろいろなものが売られ、それをまた今取り戻しつつあるということ。それと、ジェファーソンが力を注いだバージニア大学というところを見て、多分今の若いアメリカ人だってジェファーソンをそういう風には理解していないんじゃないかという深いところまで理解して、それは何かちょっと、してやったりというような気がしましたね。

谷口　アメリカを選ぶというのは、何しろ大きな国ですから、大変難しいことだと思うんです。ただ現実的には、今アメリカ文化が世界の大きな流れをつくっているわけですから、世界のことを考えようとすれば、アメリカのことを考えざるを得ない。ではどこからと思ったときには、やはりどこからアメリカが始まったのかと、何を目指してどういう場所として始まり、そこから何が変わったのか、彼らにはどういうコンセプトがあったのか、あるいはなかったのかということを含めて知る必要があると思うのです。

それと大切なのは、夢物語だと人から言われようと、あるいは単なる理想主義者だと言われようとも、でも建国の時に、一つの夢が存在するということを語ったか語らないかは、後の展開に大変大きく影響するのではないかと思います。やはり夢を持って進むのと、そうではないのとでは……

福原　それから、ジェファーソン自身にやはり二重構造性があって、ジェファーソンの中にパラドックスがその時点で既にあったということは行ってみるまでわからなかった。

谷口　考えてみれば、人間、だれしも矛盾を背負って生きていくわけで、そのパラドックスというものをどうやったら有効な方に展開していくかというのはやはり重要でしょうね。あと福原さんはアメリカで学生さんに講義をされましたね。どのようなことを感じましたか？

福原　学生さんたちと話すのは初めてではないんです。フランスでも二度ぐらい話をしています。けれども、アメリカの学生さんというのは初めての経験ですし、バージニア大学のダーデンビジネススクールの学生さんたちを相手に日本人のビジネスマンがレクチャーしたというのは初めてみたいでした。そういう意味では学生の皆さんはかなり興味を持って聞いていたようですね。

でもアメリカの学生さんがあまりにも熱心に聞くのを見て、一緒にFAクラブで行っている人たちはびっくりして、自分たちも一所懸命聞かなくちゃと、もしかしたら思ったかもしれませんね。まあ考えてみれば、ずいぶんいろいろなところに行きましたけれども、FAクラブ・プロジェクトのことを最初に聞いたときに、ファンダメンタル・アカデミー・オブ・アーツという、そのアーツ（arts）は必ずしも芸術ではなくて、もっと幅広い意味のアーツ、つまり人間にとって、あるいは人間社会にとって根源的なもの、例えばマネジメントのアーツだとか経営のアーツだとか、あるいは社会生活のアーツだとか、あらゆることを含めてのアーツというものを学ぼうという趣旨に興味を持ちましたね。そうして世界中を歩いてみたわけですけれども、少なくとも私にとってはそれだけのことはあったと思うんです。

世界中にはいろんな場所がある。今後、例えばアフリカのセネガルに行けば、そのセネガルをまた吸収してくるでしょうし、一つの物事を考えるのにいろいろな立場で物事を考えて判断することができる、そういう材料をしこたま取り入れることができたと思います。もちろんそれは、私だけが勉強しているわけじゃなくて、ご一緒した塾生さんたちと一緒に勉強しているわけですね。むしろ彼らが勉強したものも含めて私は吸収しているわけです。

ですから、皆さんの共有の財産として、やはりこれも見えない力として会社のなかにいろいろなかたちで残っていくんじゃないでしょうか。資生堂がある時期にこういう種類の試みを会社の中で展開してきたということ、その歴史的事実に非常に大きな意味があると思うんですよ。

それともう一つ。その歴史的事実を体験した人たちが、現に会社の中で活躍して、その人たちが中間のマネジメントからだんだん上昇しつつあるということ。この二つはかなり大きな意味をこれから持ってくると思うんです。特に、会社がグローバル化していこうという意思をはっきり示した現在、非常に大きな意味を持つでしょうね。

谷口　このプロジェクトを始めたとき、具体的には九五年十二月から最初の旅を始めたわけですけれども、これから二一世紀に入るまでに、世界はかなりのスピードで大きく変化するだろうということが予感としてありました。実際は想像を越えていたかもしれませんけれども、そのときに一番考えましたのは、変化していくということ、変化しなきゃということは、みんながそのころから言っていましたが、それはどういうことかと考えてみると、それほど難しいことでも特殊なことでもなくて、人間でも自然でも、生きていれば必ず何らかの変化をし続けているわけですよね。あるいは変化しなければ死んでいくわけですから。

そのときに、その変化に無自覚であれば、それは生きているとは言えないのかもしれない。そう考えたとき、これからの社会とかこれからの企業の役割とか個人としての生き方を含めて、どちらに向けば自分の体が喜ぶのか、あるいは社会が喜ぶのかとか、どちらに向かう変化の方が気持ちがいいのかということを考えたとき、自分にとって、企業にとって、そして社会にとって、良い変化か悪い変化か、突き詰めればどっちかしかないんですね、上るか落ちるか。あるいは、世界のいろんな場所でそういう変化の瀬戸際に立たされながら、何とか努力して良い方に持っていこうとする人がいるということを知ることが大切なのではないかと思ったということです。

福原　しかも、その働きが有効に働いている人たちがいる。物体の場合、放っておけば、三〇〇年、五〇〇年のうちにはゆっくりと劣化してぼろぼろになってしまいます。生命あるものはもっと大変なスピードで進化したり劣化したりしますけれども、人間の組織である会社というのは、その会社全体が一つの生命体としてのダイナミズムを持っていますから、その構成員の努力によって、生命力を高めたりすることができる。逆に弱らせてしまうこともある。ですから、それをどうコントロールするか、どうマネージメントするかということが、アーツなんですね。

谷口　福原さんがよくおっしゃられることで、このプログラムの中でも何回かそれは強くおっしゃられているんですけれども、福原さんのお考えの中に、企業の中にあっても、個人はそれぞれの個性を発揮すべきだと。例えば、資生堂という会社からいろいろな個性的なスターがどんどん出てきていいんだ、その多様な活力、あるいはそれを許容するような会社や社会のあり方、それは同時に、他者を許容する個のあり方ということとも関係していると、そのようなことを福原さんはプログラムの中でいろいろ言葉を変えて随分おっしゃっていたと思います。

福原　そうですね、言葉は変えていますね。けれども、おっしゃられたようなこと、これが通奏低音的に常に流れていると思います。言葉はもう少し分かりやすいように表層的な現象みたいなものを例にとって話したこともあるでしょうし、もっと本質的なことを語っている部分もあるかもしれません。また聞いている人によって受け取り方が違うでしょうね。

谷口　会社という漢字を引っくり返すと社会になる。逆に言うと、今はそれぐらいの社会性を会社が持たなければということもおっしゃっていますね。

福原　そうです。ですから東京であっても京都であっても上海であっても、こうやってじかにその社会と接することによって、社会というのは一体どういうものなのかというのが、おぼろげにでも、分かってこなければいけないんですよ。

そういうことは、学問ではないし、本で読んでも分かりにくい。やっぱり体で体験していくということが大切でしょうね。身体感覚ですね。身体感覚によって社会と関係するといいますかね。身体感覚を研ぎ澄ませて社会を体験する、そういうことを重ねて世界感覚というものが体に入ってくるのだと思います。結局、自分自身の身体のなかにある内なるリアリティによって、同じ人間である他者との間にあるつながりを見つけていくといいますかね。

そういうことを考えますと、一企業がやるプロジェクトとしては、かなり変わっているでしょうけれども、でも、これから企業を担う人たち、あるいは次の社会と言ってもいいですけれども、その人たちが時間と場所を共有して本質的なことを感じ、語り合うということには、大きな意味があると思うのです。

それに、ＦＡクラブのような旅は、実際にはなかなかできないんですよ。例えば私は、今年に入ってから、ラオスに行きましたし、フロリダにもマルタ島にも行きました。この間はフランスのアビニヨンにも行きました。でもその場合、二人か三人で行くわけですね。そして僕たちはそこで見てきたものをただ享受しているだけで、積極的にこちらから語りかけるということもないわけです。そうすると、例えばマイアミの議会はスペイン語が公用語だというような話を聞いて、ああそうなんだ、と思うだけで終わってしまうんです。それだって行かなければわからない。でも、それ以上のものではないんですよ。ところが、一五人なり二〇人なりの目的意識を持つ人たちが、ある場所で、身体感覚を共有すると、なんといいますかね、何か一種の煙のようなものが自ずと、どんどん立ちのぼってくるんですよね。それはちょっと記述しがたい状況だと私は思いましたね。

私は八回全てのプログラムに参加しましたから特に強いと思いますけれども、でも、一回この旅プログラムを体験した人は私の八分の一の体験かといいますと、そうではなくて、もっとはるかに大きい。物事にアプローチするその姿勢とか、受け入れ方とか、方法そのものに共通性がありますから、それを体験するというのは一つの方法論を身につけることですから、これは非常に大きい。

谷口　そうなんですね。外界といいますか、違う世界に切り込んでいく方法に関しては、実は同じ方法をとっていますので、それぞれの体験を、別の場所で生かしていただければと、実は思っているわけです。

福原　そうです、そう思います。表層的なものは変わっていきますけれども、本質的なものというのは変わりませんからね。それにどこも、いろいろな時代やいろいろな影響、そういったものを重層的な構造の中に抱え込んでいる。東京は非常にいい例なんですけれども、でもそれに関しては、ハノイも上海も、みんなそうです。

そこにどう立ち向かっていくかと考えた場合に、自分にとってのヒントがあるかもしれません。重層的なエネルギーの中から泡のように新しいものがどんどん出てくる、それは最初はただの泡のようなものですけれども、やがてリアリティが伴ってくるものがある。それがそれまであった構造に組み込まれて、今まで三重の層であったのが四重の層になってくるという、そういう可能性を秘めていて、それが都市や企業のダイナミズムを生み出していくのだと思います。その泡をつくるということが、さっき私の言った一人ひとりの創造性ですけれども、こういう体験をすることによって、それが加速されるだろうと思います。

身体感覚ということをもう少し申し上げると、では身体感覚だけ身につければ、それでいいのかということですが、私はそうではないと思うんです。バリに行って身体感覚としてバリの空気を吸い、それからバリの時間を経験し、そしてバリの優れた生活者あるいは神官ですとか、あるいは神に捧げる踊りを踊る踊りの師匠などから、非常に哲学的なお話を聞く。そういうことが、身体感覚と重なり合って初めて、非常に鋭敏な感覚、あるいは反応が生まれてくると思うんです。

体の一細胞の一つひとつが、その人たちから聞いたこと、感じたこと、自分で思った何か、そういうことが溶け合ったものを感じて、それが心身に沁みるのだと思うのです。細胞も考えているんだと思うのです。

ですから影絵師のシジャさんの言葉なんかが沁みてくるのは、身体感覚がその言葉を本当だと感じるから、言葉がそのままうまく伝わってくるのでしょう。なんといいますか、細胞を気持ちよく揃えるようにして、雨の話とか水の話とかをされているような気がするんですよ。

それは西洋における近代科学の合理的な説明だけでは得られないものなんですね。私たちも、そういうものをやっぱり根底に持っていますでしょう。それが、普段は触れ合わないものと触れ合うことによって目覚めるといいますか、そういった全てが総合されて心身に沁みるということが、体験ということだろうと思いますね。

谷口　人間というのは本当に不思議で、地球上の本当にちっぽけな存在ですけれども、でも福原さんが今、身体だけでもいけないとおっしゃられた意味がよくわかります。つまりちっぽけだけれども、でも、例えば世界のことも理解できる力というか、感覚というか、知性も持っていて、イメージによって世界というような大きなもの、あるいは極端に言えば宇宙というものすら想像することができるし、その力によって文化も生み出す。想像するエネルギーと身体的なものとが矛盾しないような、そこになんらかの方向性を与えるのが、例えば言葉だったりアプローチだったりすると思うのです。

福原　そうです。ですから私の話も、バリに行っても、あるいはハノイに行っても、といいますか、多分その度に何か表現が豊かになっているでしょう。雄弁になっているでしょう。それは自分でもなぜかわからないけれども、自分の中で何かが確かに変化している。

谷口　すごく大きく変化されて、バリの途中以降から、福原さんはそのとき感じられたことをご自分の言葉で本当に素直に、ストレートに出されるようになりました。

福原　なりましたね。それまでは感じないか、あるいは感じていても、それを抑制していたんですね。あるいは、それを表現する言葉を持っていなかったか。なぜかはわかりませんけれど、京都までは、なんだか予定した原稿しか読んでいなかったような気がします。社長として話しているといいますかね。

　でもどうもバリに行ったあたりから、私自身が大きく変わっていますから、聞いている人だって変わらざるを得ない、影響を受けざるを得ないでしょうね。これが身体感覚と場所感覚と知的な感覚とが一体となるという、このＦＡクラブの本質でしょうね。

第二章　シンボリックアクション・プロジェクト

シンボリックアクション・プロジェクトは、美やリッチということをキーワードにして、創業時から広い意味での空間資本経営戦略を展開してきた資生堂が、未来に向けた文化空間戦略としてチャレンジングな何かをやるとしたら、どのようなことがあり得るかということを、また資生堂という枠を超えて、日本社会にとってこれから何が必要か、ということも射程に入れて、一九九五年にミーティングスタイルで行った文化事業探求プロジェクトです。主な参加者は、資生堂からは福原義春社長、清水重夫専務、守谷一誠経営企画部部長（役職は当時）。クリエイティヴチームメンバーは、谷口江里也（ヴィジョン・アーキテクト）、桜井淑敏（元F1ホンダチャンピオンチーム総監督）、海藤春樹（ライティングスペース・コンポーザー）、鈴木恵千代（空間デザイナー）、山本哲士（元信州大学教授、オブザーバー）。

アジア的合理性（一九九五年一月三十日）

谷口　これまで資生堂とともに展開してきましたプロジェクトのなかで、これからの資生堂ということを考えた場合に、重要と思われることがいくつか浮かび上がりました。そのなかで、資生堂は創業の時点から、すでに空間資本経営戦略を展開しておられましたけれども、その戦略性が最近弱まっているのではないかと申し上げましたところ、それではこれから未来に向けて、どのような文化空間戦略事業の可能性があるのか、それを構想してみてくれないかという福原社長のお話がありましたので、それについてのお話し合いを、これから四回にわたってシンボリックアクション・プロジェクトと名付けて行いたいと思います。

その前に、大前提として、企業としての資生堂ということを考えた場合、具体的には三つの大きな今日的課題があるのではないかと思います。

一つは、世界経済戦線に勝ち残るということです。具体的には、資生堂が確立してきた事業領域を日本において安定させるとともに、事業基盤をアジア的規模、世界的な規模において、新たな方法論としてのアジア的合理性を踏まえて、成立させるということです。

第二に、主にアウトオブ資生堂において培ってきたノウハウを確立し、もうひとつの新たな資生堂として、独自の価値観と象徴資本をもった企業として世界を舞台に戦略展開するということです。

第三に未来戦略として、二一世紀のグローバルな文化状況をリードする新たな文化空間事業の可能性を模索するということです。これをとりあえず、シンボリックアクションと呼ぶことにします。

これは資生堂が歴史的に、あるいは潜在的に企業活動領域としつつも、最近では明確には事業対象とはしてこなかった領域で、将来的に発展しうる可能性のある、創造的な文化空間資本経営事業を行うということです。具体的には、資生堂のヴィジョンと方法論のバージョンアップのための様々な可能性をプログラムした未来戦略の実行です。

シンボリックアクションでは主にこの第三のフィールドの可能性について考えることにしたいと思います。それといいますのも、企業とはある文化的ヴィジョンを実現し構造化する現実的社会的装置だ、という草創期の資生堂が持っていた基本が、このところ、やや見失われているのではないかと思えるということです。そこには、長い歴史を持つ企業のひとつの弱点として、長い成功の歴史があるがために、企業も商品も時代とともに変化するという観点を見失いがちだということもあるかもしれません。

ではどうするかということが大きなテーマになるわけです。シンボリックアクション・プロジェクトは、主にこの課題を巡ってミーティングスタイルで、皆さんと一緒に考えてみましょう、というプロジェクトです。

しかし、これらの課題は単に資生堂だけの問題ではありません。世界はいま構造的な大変革期にあり、主要には近代とその方法の限界の向こうに、近代を超え得る方法を模索している状態であると言えます。その時、いくつかのことが平和的かつ魅力的に乗り越えられる必要があると思っています。

一つは、近代的方法のひとつの限界として無限拡大とその機械的《メカニカル》な追求ということがあります。その方法的欠陥や諸矛盾を、これまでスケールを拡大することによって乗り越えようとしてきたわけですけれども、それが地球や生命という限界枠の出現によって、現実的に不可能であることが大衆的なレベルにおいて顕在化しました。それをどうすればよいかという課題です。

第二に、ヴィジョンを現実化・社会化する方法としては、一般的には、それをダイレクトに目指すシステムをトータルな観点からデザインする方法と、ある暫定的システムをとりあえず成立させ、その向こうにヴィジョンをおく方法があります。無限拡大を志向した近代は、どうも適正なスケールデザインという概念を欠いていて、何に対しても同じような方法を用いたのではないかと思われますので、スケールに応じたシステムデザインは、どのようなものであるべきかという課題があります。

第三に、ルールの変更を伴わないイノベーションは本来ありえません。ここでいうルールとは、具体的には近代というパワーゲームを構成するルール、あるいは、日本、という言葉に象徴される、前近代とポスト近代をカオス的に内包した論理性を欠いた暗黙のシステム、日本独自の官僚的、あるいは政治的システムのことを主に指します。この変更を伴わないものは次世代を切り開くことはできないと思われます。

第四に、二一世紀の高度資本主義社会においては、イメージと実体との曖昧な接続（コマーシャリズム）は次第に効力を失い、物やイメージはともにオブジェクトとしての高度な有機性（生命性）を問われることになるでしょう。

それには、近代のマーケティング的な方法ではない方法が不可欠ですし、そのためには、近代的なターゲットや目的を丸ごと包括するような、より上位のヴィジョンが必要です。またその実現化にあたっては、上意下達ではなく、情報や目的を共有したチームワークが必要になります。

第五に、それとともに生産や創造における分業の概念は次第に効力を失い、そこで担われていたスペシャリティはその存在基盤を失うか、あるいはディレクティブ機能のなかに総合的なものの一つの表象として吸収されるでしょう。そして、機械論ではない、生命論的な、新たな方法論のなかに存在根拠を見いだしていく必要が生まれるでしょう。

第六に、物の流通、情報の流通は、基本的にはよりダイレクトになっていくでしょうけれども、その時、ネットワーク化されたダイレクトと、そうではないダイレクト（コンタクト）とに、本質的には分離していくでしょうから、具体的には、それらを包括するような空間とシステムを実現したところが飛躍するでしょう。

こうした課題を乗り越えた向こうに、資生堂の文化価値創造企業としての大きなフィールドが開けると考えています。ですからシンボリックアクション・プロジェクトではこうしたことを踏まえて、資生堂、あるいは日本に有益な空間戦略の可能性を皆さまと一緒に考えていきたいと思っています。

福原　このところアジア的合理性について考えています。私たちは今まで西洋のロジックとアジアのロジックは相反するものと考えてきたわけですけれども、中国のトップの方にお会いすると、むしろ、スーパーアメリカというか、今までの西洋を飛び超えた、我々が今まで知っていたものと違う方法がつくられつつあるのではないか。それをアジア的な合理性、あるいは普遍性という概念で括って良いのかどうかを考えています。

谷口　いま福原さんがおっしゃったアジア的合理性というのは、これからのことを考える際の一つのキーワードだと思います。ヨーロッパは、例えば、お金持ちが高級品を使うというような階層性の上に成り立っています。しかしこれからは、福原さんがおっしゃられたスーパーアメリカ、アジアを含めたパンパシフィック・アメリカということですが、それは、ある種のカウンターカルチャー的な要素、超資本主義的な要素を含んでいます。高価な化粧品、安いけれどもソフトな石けんを使う層が、階層によってではなく、ライフスタイルの合理性のなかで選ばれていくだろうということです。つまり近代とは違う概念のライフスタイルが登場するだろうということかと思います。

福原　谷口さんは、アジアは大きなマーケットになりうるし、それにはライフスタイルの転換が伴うとお考えなのですね。

谷口　そうです。ヨーロッパはどうしても古い考え方に囚われがちですし、アメリカは成功体験に囚われていますから、中国やアジアの方が先にその方向に変わっていくかもしれません。

福原　経済学にジョセフ・E・スティグリッツの一般経済学とミクロ経済学とマクロ経済学という教科書があるのですが、東欧や中国はスティグリッツから始めるそうです。だから、私たちのようにシュンペーターやサミュエルソンから始まった人たちよりもずっと先に行っている、ということが現実に起きているわけです。もしかしたらイリュージョンの創り方が、その分、遅れているとも言えるのかもしれません。

谷口　たぶんイリュージョンの立て方がこれから違ってくるのではないでしょうか。現時点で、西洋的な化粧品が持っているイリュージョンを成立させているものが階級差だとすると、そうではないイリュージョン、例えば、生命力を感じさせるようなイリュージョンなどが生まれてくるのではないかと思います。

近代ヨーロッパは王侯貴族から庶民へと大衆化の歴史を歩んできましたけれども、その方向ではもはやイリュージョンを創りだせませんから、違う立て方が出てくると思います。

福原　それは三〇年前にアメリカで既に起きたことですね。黒人の人たちが良い家に住みたくても、高級住宅地は彼らを受け入れてくれなかった。リンカーンや化粧品なら買えたので、別の方向にイリュージョンを見出していったわけです。エスティーローダーはそういう人たちを中心にして伸びてきたという側面があるわけです。だから、アメリカには三〇年前にそうしたことが起きていて、同じようなことが今度はアジアで起こると思われますか。

谷口　そういうことも当然起きると思います。それと、これはアジアでもヨーロッパでも同じなのですが、ある階級の擬似体験をする時代は終わるだろうということです。ですからむしろ、新たなかっこ良さを提示したところが勝ちなのではないでしょうか。

価格差も結局は階級差です。ですから高い安いという問題ではなく、ライフスタイルの良し悪しの問題になってくるのではないかと思います。六〇年代のカウンターカルチャーあたりから、その兆しはありましたけれども、上流社会を追い求めることも、アメリカンドリームのように資本主義を謳歌することも、もっと言えば、科学的な根拠というのも、どうも何となくあやしい、ということがカウンターカルチャー以降の流れだったわけです。でもその段階ではまだ、カウンターでしかなく、ライフスタイルのヴィジョンとしては確立していませんでした。それがいよいよ求められるようになるだろうということです。ベネトンやヴァージングループは、そのあたりをアピールしたように思います。彼らは新しい大衆、つまり何かに追随する大衆ではなく、美意識の最先端にいる大衆を狙っているのではないでしょうか。

福原　イギリスの新聞で、王室制をやめて、大統領制にしたら誰が良いかという調査をしたところ、ヴァージングループ創設者のリチャード・ブランソンでした。私は彼とディスカッションしたことがあるのですが、ブランソン自身はものすごく保守的でした。私より保守的かもしれません。ただ、切り口が、今言われたように新世代に向けた切り口になっているだけなのですね。それでもあれだけ話題になるのですからね。

ベネトンのルチアーノ・ベネトンは、どうしても資生堂にベネトンブランドの化粧品をつくってもらいたいと、三年くらい前から言ってきていました。結局、実現しなかったのです。ということは、ベネトンやヴァージンが逆に資生堂に何らかのイリュージョン、夢を見出している、資生堂の可能性を見ているわけですね。それにどうやって応えたら良いかしら、と思ったりします。

谷口　ベネトンの場合は〈United colors of Beneton〉というように、デザインや記名性ではなく、色がテーマだとはっきりと打ち出していますから、色をテーマに香水をつくったらどうなるか、というようなことを平気で言い出すと思います。高級感のある匂いというようなことではなく、たとえば赤のイメージを喚起するような香水とか……

福原　そう言えば三宅一生からは、香水ではなく水をつくりましょう、と言われましたね。そしてそれは、ロードゥイッセイとして実現させました。

谷口　まさにそれと同じような感覚でコンセプトがたてられると思うのです。アジア的合理性というのは、階級的でも古い新しいでもなくて、感覚的な普遍性といいますか、そういうところを狙えば、あえて言えば、美意識生産企業というものが成立するグラウンドがあるように思います。

清水　資生堂の問題点を分析してもらった部分に、資生堂が過去において構築したシステムが生命的限界に達している、とありましたけれども、そのことについて話してもらえますか。

谷口　資生堂が過去において構築したシステムとして一番大きなものはチェインストア制度だと思います。これは本社からあらゆることを迅速に末端まで伝えるシステムとして当時は画期的だったと思います。大変有効に機能して、資生堂を大きくして、経済的基盤を支える大変大きなシステムだったと思うのですが、そこで蓄積したノウハウなどが、今の情報化時代では有効性を失いつつある、つまりシステムとして生き延びる生命力、あるいはシステムとしての優位性を失いつつあるのではないかということです。「ミスシセイドウ（現パーソナルビューティパートナー）」というのも、昔はものすごく格好良かったと思うのですが、今はそうでもない、というようなことです。

桜井　ヨーロッパといってもいろいろな側面がありますけれども、ポイントとなるのは一元的ということです。階級的というのもそういうことであり、そのアンチテーゼも同時につくってうまくやってきたけれども、本質的には一元的であり、権力的だとも言えます。

一方、ここでアジア的という言葉に託しているのは、どちらかというと多元的な方向だと思います。それはよく言われる、価値観の多様性、といったことではなくて、命のあり方とか、本質的な欲求の多元性とか、表現の相反性だとか、自分と他者がそれぞれ自らを表現するというようなことです。

そういう次元で考えると、命が本当に求めているのは心地よさであったり、面白さであったりするけれども、その表現の方法が非常に多元的であるということが、アジア的価値観としてあるはずです。

例えば中国を見た時、ヨーロッパ以上の戦略性を持ち、一元的である面と、非常に多元的な面を併用している。少なくとも今、ヨーロッパが中国に進出しているのは、そうした戦略性に注目して、そこを追求しようとしているからでしょう。

では、そうした多元的時代、多元的世界、多元的なあり方に対応する企業のあり方、システム、商品のあり方が確立しているかというと、どうもそうではないのではないか。それさえ確立しておけば、世界中がそういう方向に向かっても、商品にしても何にしても、非常に的確に戦略的に出していくことができるのですけれども、そこが不安なわけです。

例えば高齢化社会にこれからなっていくから、高齢者向けの商品をつくろうとかいうのは一元的な考え方で、高齢者にも色々あるわけですから、どういう高齢者なのか、と考えるのが、多元的な発想なのではないでしょうか。

谷口　草創期の資生堂を見ていると、成功を牽引したことが二つあったように思います。ひとつは、アール・ヌーボーなど、ヨーロッパという遠いところで素晴らしいことが起きていて、何とかそこにいきたいという欲求、憧れがあったことです。ピュアなあこがれは往々にして、オリジナルを超えることがあって、資生堂も、そこから独自のデザインを構築しました。

もうひとつは、資生堂パーラーや資生堂ギャラリーのように、資生堂が発信しているイメージが、その時点で既に空間的、多元的であったということです。だから、パーラーでお茶を飲んで洋食を食べたりするとき、素敵な化粧品やデザインをしている資生堂が展開しているというイメージも一緒に味わっていたでしょうし、逆にパーラーやギャラリーの存在が、化粧品のイメージにも投影されていたということです。

そういう元々持っておられた空間的戦略性というのは、それは一つの遺伝子のようなものですから、これからさらに、新たな時代に向けて再創造、再構築できるように思えるのです。

福原　戦前の資生堂はハイブローな文化を狙っていて、場合によっては資生堂ギャラリーで反体制的な発言をして睨まれている人の展覧会を主催するなど、反権力主義と見なされるようなところまでいったわけですね。

でもその時代は、実は資生堂化粧品のマーケットシェアはものすごく小さかったのです。逆に言えば、マーケットシェアが小さかったから、そういう仕事ができたと思うのですよ。一方では反権力を謳いながら、他方では皇族・貴族を相手にするという矛盾したところもあったわけです。

戦後、モノがなくなった時には、メーカーとしては大衆にモノを充足させるということが非常に大きな使命になりましたから、文化のことよりも、そちらの方が優先される時代になりました。そのためにギャラリーの活動を七年間停止したりしました。

それでおっしゃられたように、チェインストアを通じて中産階級を相手にするようになりましたし、そうなると、文化の先進度も特に必要じゃなくなった、というのが現状だと思います。

でも、それは歴史的現実であり、シェアが小さかったからこそできた昔のやり方に戻せば良いのかというと、既にある二万店のチェインストアをどうするのか、という問題が生じます。そこが私たちの一番頭の痛いところです。

フランス人がよく、フランスではあれだけ皆が高級品としての資生堂を欲しがっているのに、日本では、資生堂の店が、どんな町にも一つはあるじゃないか、と言われます、そこが悩みの種です。一時代を築いたシステムを無視して一気に先祖返りをすると、経営がズタズタになってしまいます。

そうした問題をみなさんと一緒に考えていかなくてはいけないのですが、オランダのマーガリン製造会社を発祥とするユニリーバという会社があります。これはオランダの植民地支配の関係で、パーム油や石鹸、紅茶や生糸など、いろいろな産物をヨーロッパに輸入したり、逆に輸出をして、今は英国とオランダに本拠を持っています。

彼らは、君たち資生堂やP&Gはインターナショナルな会社にはなれっこないね、と言います。だって私たちの場合、オランダで売ったってたかがしれている。世界中に売らないと私たちは存在できない。だから私たちはインターナショナルな会社になるしかなかったんだ、と言うわけです。また、イギリスは日用的な消費財はヨーロッパのなかで一番値段が安く、一人あたりの使用量ものすごく低いのです。化粧品についても、皆さんは、ドイツ人は化粧をしない、とお考えかもしれませんが、イギリス人の方が化粧をしないのです。だから彼らはホームマーケットを重視していないし、イギリスのリーバ・ブラザーズ、と言われる必要もないのです。

それはある意味では資生堂の目指すべき輸出入モデルだと思うのですが、しかしそこには、世界をリードするような先進的な文化がないのですよ。で考えてみると、そういうことを融合させた企業モデルが今のところないのです。そこで大切なのは、モデルがないからしようがない、ということではなくて、では私たちがそのモデルを創りましょう、ということかと思います。

谷口　清水さんに最初にお会いした時に言われた言葉がものすごく印象に残っています。それは、なぜ、お客さんはうちの商品を買うのだろう、という言葉です。これは資生堂が持っているイリュージョンへの不安や、お客さんからの信頼度の確かさへの不安、もしかしたら儲けが実態を上回っているのではないか、あるいは、これから先、何を基盤にして何を目指せばいいのだろうということに関する、非常にクールな問いだと思います。

福原　信頼についてはどうやら、僕たちの方が過小評価しているのではないかと思われるくらい強いようです。約一〇年前につくったヘアスプレーが長期保管された場合に破裂する危険があることがわかったので、大々的に発表してリコールしたところ、三〇〇〇件以上のお客さまからの申し出があり、短期間で全部回収したのですが、その時に強いクレームはほとんどありませんでした。多くの人が、よくそこまで気を配ってくれた。さすが品質に注意を払っているのがよくわかる、と言ってくださって、リコールされたものに関しては、私たちはお金を返します、と言ったのですが、一〇年も前の商品を持っている方が悪いのだから、お金をもらうなんてとんでもない、とおっしゃられたお客さまもいました。

私たちはヘアスプレーのリコールなどをすれば、新聞では叩かれるでしょうし、お客さまからは、ひどいものをつくっているな、と言われるとばかり思っていたのですが、まったく違ったわけです。ですから継続的な信頼という点では、むしろ、自分たちを過小評価していたかもしれない、と実感しました。

谷口　それは大きな財産ですね。そのような信頼が格好良さと重なるとさらにいいですね。

福原　私たちのお客さんは女性が多いですから、実はジェンダー問題に対しても私たちの先輩たちは進んでいたかもしれません。終戦直後にマネージメントを担っていた人が、後に資生堂美容学校の校長になった藤原あきさん（資生堂美容部長から美容学校校長、のち参議院議員）を採用しましたが、突然外から女の人を部長待遇で採用したものですから、これは当時としては相当衝撃的なことでした。他の女性も候補に上がっていて、つまり、女性の社会における役割を高めていかないといけないという、かなり先進的な思想といいますか、意識を持っていたのだと思います。そういうことも背景としては脈々とあるように思えます。ちょっと横道に逸れましたけれども、今日のテーマであるシンボリックアクションの話題に移りましょうか。

谷口　では、今からシンボリックアクションについてお話しいたします。まず、これはこれまで行ってきたプロジェクトとは全く異なる話だとご理解ください。何が異なるかといいますと、これまでのように資生堂の歴史や文化資本や経営戦略といったことから離れて、つまり資生堂という枠組みをいったん外したところ、二一世紀以降のグローバルな潮流を見据えた本質的な戦略性を第一義として、このプロジェクトを構想しているということです。

ただ、資生堂が過去において、極めてリベラルな文化的ネットワークを独自の方法と力で築きあげてきたということがありますので、そのことを思想的バックボーンとすることとしました。そう考えたとき、ではこれからはリベラルな文化的ネットワークというのは、どのようなものでありうるのかということが重要になってきます。

大雑把にいって、現在、世界は二つの大きな潮流がぶつかりあっている状況と考えられます。一つは、世界の歴史の流れの、特に近代以降の主流であった力、産業やそれを牽引する金融資本や、それらと一体となった政治的な力や経済的な力を、これからも重視して行こうという流れです。

これは歴史的に見て、近代を産み出した、都市や社会などの空間資本とその運営に長けた欧州と、金融資本運営力、マネージメントやパターン化の能力に長けた合衆国の力を統合した、新たなインペリアリズム、あるいは新自由主義ともいうべき、より強固な全体化、一元化を指向する流れです。

これは強い流れとして確実にあるのですが、ただ展開しているマーケットの規模が、地球という限界枠を遥かに超えてしまっていますので、これからは過酷なシェア争いに突入するでしょう。どちらにせよこの流れは、欧州と合衆国の力を合体して、世界を一元化して世界に君臨し続けようという力です。

もう一つはそうではない力、近代のメインストリームではなく、セカンドラインとして営々と流れ続けてきた流れと、近代が産み出したインフラの上に成立しはじめた新たなイマジネーションのグラウンドとがジョイントした流れです。

これは象徴的には多様な時間と空間（場所）の自律的成立と、それらの生成的ネットワークを指向する流れです。この流れは先ほど申し上げた流れの中に現在、潜在しつつも、いろんな形で顕在化しつつあり、また必ずしも欧米ではない地域に偏在しているというわけではなくて、欧米の内部でも生成され、共時的に伝播しつつあります。

言い換えれば、近代的方法、そのなかでも特に無限拡大を指向する物質生産的方法が地球という限界枠にぶちあたってしまったことと、それに伴って、そこでの方法がスケールアウトになってしまったので、近代的システムが、その限界を突破する鍵が必要になってきた結果とも言えます。

これは人間が今まで経験したことのない巨大なハードルを前にして、それまで稼働してきた強力な方法論が本質的な書き換えを迫られた状況とも言えますけれども、逆に構想的観点からいえば、歴史的な飛躍（新たな創造的方法の獲得）のチャンスに遭遇している場面だと考えた方が良いと思います。

この二つの潮流のせめぎあいは、一九九四年から二〇〇〇年の七年間、とりわけ一九九五〜九九年の五年間に非常に大きな変化を経験する可能性が極めて高いと思われますし、それがそれ以降の人間社会の方向性を決定的に左右することになると思われます。

ここではとりあえず、この二つの流れのことを、前者をネオ・インペリアリズム、後者をネオ・ルネサンスと呼ぶこととします。なお、インペリアリズムの語源は、ご存知のように、終わりなきローマ帝国、ということです。

ただし、両者は当面の間、併存し、互いの力を取り込みながら進みますので、二〇二〇〜三〇年くらいまではどちらが主流になるのか、その差異はそれほど顕著ではないかもしれません。

しかし、その間にネオ・インペリアリズムが根本的な修正を行なわず、その方法論をあくまでも押し進めようとした場合、地球規模で極めて悲惨な状況が生まれる危険性があります。その時、ネオ・ルネサンスの潮流が、新たな場所（時空間）と地球的な方法と、それに基づくネットワークを確立していない場合、世界的に極めてアナーキーな状況が生まれる危険性があると思われます。

近代的方法は一九六〇年代以降、急速に拡大してきましたが、一九九四年以降、さらにこのまま上昇し続けるか、急激に低落するかの別れ道にあると思います。単純な方法一辺倒でやってきた日本は特にその危険性が高いでしょう。

ここで重要なのは、それを補完する必要性ということもありますけれども、八〇年以降、コンピュータなども含めた新たなツールが、かつてはなかったグラウンドを生み出し、そこからスタートするものが始まり急拡大しているということです。

シンボリックアクションは、こうした状況をふまえた上で構想すべきだと考えます。内容やスケールによって、テーマとその構成は変りますけれども、既存の商品、組織、システム、業態概念、マーケット概念では、近未来の大きな変化に対応できませんから、シンボリックアクションを推進する活動体（事業体）は、以下のような二一世紀的なストラクチャーを持ち、先程述べました諸ファクターを自らの個有のテーマとして先見的に内包している必要があります。

それは具体的には、多様な個の共生、協働。チームとネットワーク。生命的場所とムーブメント。生活の活性化。世界をリードする新たな価値観の創造などです。言葉を変えれば、シンボリックアクションというのは、二一世紀型文化価値生産活動です。

この事業体の活動を、資生堂が草創期の頃に掲げていた五つの、実に本質的なスローガン、五大主義とあえてつなげますと、次のようになるかと思います。

地球というかけがえのない星に住む人間の多様な存在の創造的共生を推進し（＝共存協栄）、

そのヴィジョンを共有するプロフェッショナルなディレクティブ・チームと、ゆるやかな創造的ネットワークによる、プロジェクト・スタイルの組織（＝堅実）、生産物を固定・限定せず、生成的情報を産み出す様々な生命的場所と、そこから発信される様々なムーブメント、及びその運営システムの生産を商品とする（＝品質本位）、そのことによって個的存在であると同時に類的存在でもある人間の生活を真に豊かで生き生きとしたものとすることに寄与する（＝消費者重視）、来るべき世界をリードし、そこにおける価値のありようと、そのための現実を創造することを目的とする企業（＝徳義尊重）ということになります。

五大主義は社会的存在である会社にとって、大変優れたスローガンだと思いますが、これはそれを今日的状況を踏まえて発展させたものです。

シンボリックアクションの事業ターゲットはいろいろ考えられますけれども、ターゲットの現実的スケールと、グラウンドの将来的広がりによって、設計とプログラムが変化します。

ここでは一つのモデルとして、これからの二一世紀型プロジェクトの重要な要素である、価値、空間、時間、のうちの一つに特化した三つのプロジェクトを、シンボリックアクションのスターティング・イメージとして参考までにご提示いたします。

一つは『Creative Sindbad（クリエイティブ・シンドバッド）』プロジェクトと名付けました。これは世界の七つの都市の七つの宝（価値）を再発見、再創造する場所創りです。

一つは『Zinng Zooq（ジン・ズーク）』と名付けたプロジェクトです。これは世界の先鋭的なクリエイティブ・シーンが一堂に会する、フリーマーケット的なクリエイティヴスタジオ空間で、現在の日本にはない世界的文化受信発信基地、新たな出島です。

一つは『Go Kuu（悟空）』プロジェクトです。これはコンピューターの独自のプラットフォームのなかに、世界的、歴史的、現在的知恵や人材をネットワークする知的、人的磁場（ソフィア・フィールド）を創造するものです。

その具体的な内容に関しては、必要であれば詳しい内容などをご紹介する機会を別個に持つことにして今回はそのイメージだけを述べたいと思います。

クリエイティブ・シンドバッドは、アラビアンナイト（千夜一夜物語）の、七つの航海に出て、七つの不思議な国を旅して財をなした船乗りシンドバッドが、たまたま知り合った、富もない地位もない貧しい荷担ぎシンドバッドを相手に、自分の体験した冒険談を話して聞かせる物語をイメージしています。

この物語のテーマは、幸福とは何か、ということだったと思いますけれども、このプロジェクトでは、七つの異なる国々に、その土地の風土や様式、美意識、価値観をネオ・ルネサンス的な視点で生かした場所、いわば新たな港を創るプロジェクトです。

港のデザインに関しては、その土地個有のスタイルを発展させた方法をとり、かつて外国人が日本の美を発見したように、逆に日本人の眼で該当地域の美や快を発見します。該当地域は先進国が二ヶ所程度で、あとは勢いのある発展途上地域が望ましいと考えています。

それが存在することで当該地の美意識の飛躍を誘発し、そこで産み出された美と生活様式（ライフスタイル）を、リアルタイムでグローバルなものとして発信・受信します。

港というと大きなものをイメージしますけれども、テレメディアでネットワークすれば地球的になりますから、具体的にはそれほど大きい必要はありません。ここで行なわれることは、いわば価値の交換、あるいは変換、翻訳です。様々な地域には様々なローカルな豊かさがあります。それを世界的に理解できる、あるいは通用するレベルに創りかえるということです。

次に『Zinng Zooq（ジン・ズーク）』ですが、ジン（Zinng）とはアラビアンナイトに出てくる不思議な神族のことで、光から創られた天使と、土から創られた人間との中間的存在です。変幻自在で、空を飛ぶこともでき、不死ではなくて男女の区別もあります。このプロジェクトでは、都市（場所）とは何か、元気（創造）とは何か、というようなことがテーマです。ズーク（Zooq）というのは市場という意味です。

具体的には、世界中の本やCDや映像などの、表現メディアのフリーマーケット、及びネットワークスタジオのようなものです。世界中の優れた発信者たちのパイロットブースと、その出会いの場であるサロンと、独自の部隊のためのスタジオと、そこでネットワークされた表現者たちのライブ表現の場である、広場＝舞台、カフェなどからなる都市的装置です。

タイムラグや経路、流通の占有によって業態を保護し、権威を維持するといった、島国的な日本の極めて特殊な文化生産事業の仕組みに風穴を開けて、一気に世界の文化的ムーブメントをリードするようなダイナミックな表現を継続的に産み出していく文化的台風の発生源のような、新たな価値観と豊かな表現力、感受力を持った、新たなZinngたちを産み出す場所です。これは日常と非日常をアーティスティックに融合した文化的装置なので、ある程度のスケールが必要です。

『Go Kuu』は、仏典を求めて旅をする三蔵法師のお供をする孫悟空をイメージしています。悟空は猿なのに、いくつかの強力な武器を持っています。ひとつは一瞬にして千里を駈ける觔斗雲《きんとうん》です。次に相手によって長さや形を変える如意棒《にょいぼう》です。そして、分身することができる体毛です。

それと、これが大事なのですが、頭にはめられた金の輪です。これは武器ではなく、孫悟空が悪いことをしようとすると頭が痛くなります。つまり『Go Kuu』全体を統御する一種のルールです。

最後の武器は、三蔵法師という師匠の存在です。人間なので足手纏いになるところもあるのですが、孫悟空のもうひとつの人間的かつ超越的視点となっています。これにより、孫悟空の過剰なパワーを制御しているので、そのことによって孫悟空がモンスターではなく愛すべき存在になり得ています。このプロジェクトのテーマは、人間と社会にとって知恵とは何か、ということです。

つまりこれはコンピューターとインターネット的なネットワークシステムのポテンシャルを最大限に活用する文化的知恵のソフト&メソッド・バンクです。基本的に、生成的情報、生命的情報、創造的情報を重視していて、通常のデータバンクのように、単純情報のスケールメリットを誇るようなものではありませんし、インターネットのようなフラット・オープンメディアでもありません。

将来、電子インフラがある程度整備された段階において何が必要となるか、何が問われるのかを想定し、その時にこそ有効であるようなシステムを今のうちに創造するということです。

事業的には、あるスケールを超えた段階から、アクセスフィーと、メソッド・サプライフィーによって増殖する形を取ります。またジン・ズークと連携して、その特性を生かしたアウトプットをネットワーク上で展開します。

福原　先程、ネオ・インペリアリズムと言われましたが、インターネットなどで実際に世界はそのようにネットされていて、国民国家とか、シチズン（市民）とかはもう古い概念になってしまっています。僕たちは当然、そのことを想定して関わっていった方が良いですね。そうなるとアメリカ的とか、ヨーロッパ的とか、あるいは中国が超アメリカ的だとか考えないで国民国家を超えた概念、システムに向かうということですね。

谷口　そうですね。ネオ・インペリアリズムというのはそれを阻害する既存の力です。

福原　それから、宮城谷昌光さんの書かれた、『晏子』という本が新潮社から出ていて、これは周が乱れて戦国の時代になり、最後には周と晋と楚の大きな争いになります。しかし、それ全体を統括しているシンボルは周でした。しかし、周が昔行なっていた様式はすでに失われてしまったので、わざわざ辺境まで探しにいったそうです。

これと同じことですが、資生堂パーラーでも、バーテンダーの上田君（上田和男。元資生堂パーラーチーフバーテンダーでハードシェイクの考案者。二〇一五年黄綬褒章受章）が中心になって、日本にカクテルの文化を育てる活動をやっています。カクテル・コミュニケーション・ソサエティということで、本職のバーテンダーの人と、平凡社の社長といったドリンカーが集まって、非常に高いレベルのソサエティをつくっています。カクテルは文化レベルが非常に高い分野なのですが、それは現実的にはもうほぼ失われていて、東欧あたりに本当のカクテル文化が残っているそうです。こうした昔の伝統のものと、今起こりつつある、国民国家を超えたネットワークをどのようにつなげて創っていけばいいかというテーマですね。

谷口　それが一番のテーマだと思いますね。『Go Kuu』がターゲットにしていることは、それに近いことですね。残すものは残しつつ、なぜそれは気持ち良いのか、なぜ優れているのか、ということを新たな視点で展開するということです。それを基礎にしないと混乱ばかりが増えて、世の中がつまらなくなってしまうような気がします。

桜井　歴史的文化のオリジナリティーのある場所と、今創造の真っ最中のものとを結びつけていくことです。そのつなげ方は、基本的にはインターネット的なメディアと、シンボリックな空間との連携です。

谷口　例えば『Zinng Zooq』では、空間があまり日常から離れても親近感が持てませんから、本やＣＤも売りますけれども、一種のフィルターをかけていて、本当に良いもの、世界的にトップのものだけを集めます。ここを例えば下界と呼びますと、その上に地上楽園があるというイメージです。そこでクリエイターがいろいろな情報を交換しながら作品を創ります。そうしたスタジオの集合体が地上楽園です。

桜井　さらに、そうしたスタジオが各国にあり、それが言ってみれば、クリエイティヴ・シンドバッドですけれども、日本にセンターがあります。現在のインターネットでは難しいですけれども、福原社長が言われたように、オリジナリティの高いもの、歴史性のあるものと今創造しているところをつなげるということです。

谷口　『Go Kuu』は電子宙空に漂っているわけですが、発信基地としての『Zinng Zooq』と連携しています。同時に発信基地でもあり着地点でもあるシンドバッドとネットワークします。それは例えば「レ・サロン・ド・パレロワイアル・シセイドー」を発展させたようなものです。パレロワイヤルは、パリのなかで最もパリらしいものは何かを発見する装置と言っても良いですからね。

福原　パレロワイヤルは元々、儲けを重視したものではないのに、評価も売り上げもものすごく良くなりました。

谷口　パリではあの方法で良いと思いますが、例えばタイランドではまったく違った方法論になるでしょう。でも、タイ人が手懸けるとアメリカ的になってしまうかもしれないので、日本人とか外部の人が見て面白いところを生かして表現するという感じがいいのではないかと思います。

福原　一月二十八日の朝日新聞（一九九五年）によると、凸版印刷と慶應大学湘南藤沢キャンパス（SFC）が一緒になって、サイバーパブリシティングということをやっていて、インターネットに情報を出しているそうです。その一番後にバーチャル都市があり、そこの一番良いところに資生堂を入れていただいています。

そこをクリックすると僕の顔が出て、イースト・ミーツ・ウエスト、のコメントが出てきます。外部の人たちがそういうことをしているのに、私たちはまだまだ不十分です。でも出すべき情報も取り入れるべき情報もいっぱいあるのです。ですからぜひ、そういうものを創らないといけませんね。一月二十五日のクールサイトをご覧になると良いと思います。クールサイトというのは、何人かの評議員が今日一番面白いと思った話題を集めたものですが、そこに載ったわけです。ですから少なくとも、載るだけのレベルにはあると思うのですよ。

谷口　いろんな人が盛んにマルチメディアと言っていますけれども、情報の概念や捉え方や表現がまだクリエイティブではありません。逆に言うと、そのモデルを創ることができれば良いと思っています。また人間と人間との快適な出会いということもテーマになるだろうと思います。未来感ばかりを求めがちですけれども、人間的な感覚を阻害しないというか、何となく自然な環境として設計していくのが良いと思います。

福原　ちなみに今月の『財界』に石井淳蔵先生が湘南藤沢キャンパスの学生である山本謙治君という人について書いていましてね。山本君がキャンパスに一〇〇坪の土地を借りて、八百藤という名で有機農業をやるということを世界中に発信したら、世界中から反応があり、日本の農林水産大臣は知らなくても、世界のいろんな人が山本君の名前は知っているという現象が起きているそうです。同じように、日本の総理大臣の名前は知らないけれども、資生堂の名前を知ってもらえば良いわけですよね。

谷口　そういうことが、かなり近い将来にたくさん起きると思いますね。その時に何が評価されるのか、何を問われるかを考えていくと良いと思います。

桜井　情報化時代が進めば進むほど、実は異質な、そして現実的な体験が重要になってくると思います。そのような体験の集積が個有のローカルな歴史的文化なのですが、情報化とローカルと、その両方が合わさったものが面白いと思います。

福原　ただ、今お話ししているようなことを考えたとして、いざそれをやろうと思っても、個有の文化のない会社にはなかなか難しいでしょうね。

桜井　文化主導型による成功体験がないと、こういうものにいち早く出ていくことは、なかなかできませんね。そういう意味では資生堂には過去にそうした体験があるわけですから。

谷口　インターネットは、今はまだ盛んに取り合いをしている状態ですけれども、近いうちに多くの問題を抱え込むでしょうね。その時にこそ価値を持つような独自のソフィア・フィールドを創っておくといいと思うのです。

福原　とりあえずインターネットを使っていかないと、その先のことも、急には無理でしょうね。ただインターネットのもうひとつの問題点は、入ってきたものに応えないといけないということです。もし一日一万の質問や問い合わせが入ってきたとしたら、もう機能しなくなります。でも、それを恐れてマルチメディアには入らない、というわけにもいきません（注、ちなみにTwitter、現在のXは二〇〇六年から、またFacebokは二〇〇四年から稼働）。

谷口　ですからその先のことを見越して、ややクローズドな独自のネットワークを構築する必要があると思っています。例えばピカソとは何か、どういう人かを知ろうとする場合、一番良いのはピカソと直接話すこと、そして作品を見ることです。でも、ピカソは一万人とは話しません。ではどうしたら、ピカソと友達のようにして触れ合うことができるのだろう、という問題でしょうね。

福原　シンボリックアクションをしなければならない必要性はわかりました。いずれにしてもこれからの時代では、持っている文化を消費するだけではやっていけなくなるのは確かです。ですから何かをやっていかなくてはならないのですけれども、具体的にどういうことを優先的にどういう規模でやっていくか、あるいはクリエイティブ・シンドバッドで言えば、パリの次は北京をやれば良いのか、それともマニラなのか、そういうことを詰めていかないといけませんね。

谷口　このプロジェクトは、最初に言いましたように、資生堂の企業活動というより、それを超えて、これから日本が世界の中でやっていかなくてはいけないことを、広い意味での空間やシステムという観点で、どのような可能性を見出すことができるかということです。議論のための何か具体的な焦点があったほうが分かりやすいと思いますので、次回は、とりあえず三つの独自のシステムを内包した空間を提示して、それを巡って自由に語り合うというスタイルをとりたいと思います。

つまりこのプロジェクトでは参加者全員を一つのチームと考え、今回を含めて、それぞれ異なるアプローチによる四回のミーティングの中で、全員が自由に意見を述べ合うというスタイルをとりたいと思いますので、どうぞよろしくお願いいたします。

三つの戦略イメージ（一九九五年七月七日）

谷口　前回、新たな文化資本構築のための新たな空間&システム創造プロジェクトであるシンボリックアクションの総括的なイメージとして三つの戦略イメージをご提示しました。

1　文化発信＝受信拠点としての『Zinng Zooq』
2　多様な場所と表現のネットワークを指向する『Creative Sindbad』
3　二一世紀のソフィアフィールドをリードする『Go Kuu』

これらは互いに有機的にかつダイナミックに連動するものとして考えています。これから今回を含めて三回にわたって、これらに関して、毎回視点とアプローチを変えてご一緒に考えてみたいと思います。

今回は、プロジェクト全体の構造とシステムとプロジェクトを構成する要素に関して述べようと思います。

三回目は、プロジェクトの発展性や文化事業戦略的な意味について考えたいと思います。四回目には、プロジェクトが開拓しうる文化事業領域と、そこで獲得しうる方法やマネージメントについて主に考えたいと思います。

なお全体として、四つの大きな方針を外さないようにしたいと思っています。一つは進行形で、これからの時代にあるべき価値観や美意識をリードするものであること。二番目に、新たなシステムを内包していること。さらに空間の属性としてそれを稼働させるルールが必要ですけれども、そのルールを自在に変化させていくようなシステムであることが望ましいと思っています。三番目として、個々のプロジェクトの中で自然に即興劇が起きることが必要なのではないかと思っています。四番目として、新たな空間やネットワークのありようを体現するものでありたいということです。

以上の観点に基づいて、プロジェクトごとに、その本質や戦略性（事業性）、具体的なイメージ、その構造、表現フィールドなどを詰めていきたいと思っています。

まず『Zinng Zooq』ですけれども、これは世界のクリエイティヴシーンが一堂に会するフリーマーケット的なクリエイティヴ・スタジオのようなものです。日本は世界シーンと触れ合う場所に乏しく、文化的には未だになぜか鎖国をしているようなところがありますから、これは現代の出島のようなもので、日本のクリエイティヴレベルを飛躍させ、世界をリードするようなレベルに持っていく装置です。

文化戦略的には、これによってクリエイティヴシーンとソフト流通システムを変革すること、具体的にはソフトのマス生産からの脱却です。またこれは『Creative Sindbad』と『Go Kuu』の基地の役割を持ちます。

空間的には、非日常的な感覚を感じさせる場所で、画家のミロの言葉を借りれば、新しい人間像を創り出すこと、それらに命を与えること、そして彼らのための世界を創り出すこと、がこの装置のテーマです。

空間構成としては主に、スーパーアーティストが集うクローズドな場所であるZinngと、オープンなマーケットであるZooq、そしてそれらを緩やかにつなげる部分からできています。

このプロジェクトの目的は、地球上の多様な価値観や美意識や普遍的で人間的な生命力を見つけ、多様な表現方法を編み出して、現在の日本ではまだ未成熟な、グローバルで真にクリエイティヴで人間的なアーティストたちを生み出していくこと、そしてそれを支える文化的なグラウンドを育てていくことです。


『Creative Sindvad』は、世界の七つの場所の七つの宝を発見する装置です。ミロは、大地に触れることによって私は飛ぶことができる、ものはローカルであればあるほどユニヴァーサルである、と言っていますけれども、そういうイメージです。

これは日本がきわめて弱い、時代感覚やシンクロニシティ感覚を補完するための、最小限の空間的装置によって機能するネットワーク装置で、『Zinng Zooq』や『Go Kuu』のアンテナ装置でもあるわけです。同時に、その土地に個有の、様々なベビーシンドバッドを産み出す母体でもあります。言い方を変えれば、私は個人的に、日本人はみんな外国で、異なる価値観や習慣を持つ場所で暮らす体験をした方がいいと思っていますけれども、これはかなり特殊な価値観の中にいる日本人に、アメリカ的でも和風でもない、世界中には多様な価値観や美意識が存在することを知らしめる装置です。

スペース的にはそれほど大きい必要はありませんが、その土地のファクトリーや広場やギャラリーやシアターなどとネットワークする形をとることが好ましいと思います。もちろん、七つのSindbadを同時に作る必要はなく、むしろノウハウを蓄積していく形で少しづつ増やしていけばいいと思います。

ロケーションとしては、個性的でありながら、同時にコスモポリティックでもある場所がふさわしいでしょう。表現スタイルはローカルな要素を抽象化した、その都市の歴史と今と未来が、なんとなく感じられるようなものがよく、そこにいけば進行中の最先端の文化イベントや人と触れ合えることができると良いと思います。

『Go Kuu』は、将来インターネットが課題山積になることを見越して、インターネットの中に、クローズドな知的・創造的なフィールドを創るプロジェクトです。

コンピューターによるネットワークが蔓延してある意味では知が劣化する中で、どうすれば文化を成熟させることができるか、インターネットの中で、生命的で創造的で知的で生成的な情報をいかにして創造し共有することができるかというテーマです。

これはインターネットが世界的に普及した段階では必然的に問われることになるテーマですから、今のうちから考えておくということです。言い換えれば、パーソナルであって、かつ普遍性のあるコミュニケーションはどのような形のネットワークにおいて可能かというテーマです。

これは実は、知とは何か、美とは何か、人間とは何かということと深く関係していて、宙空のソフィアフィールドと個々人との創造的な関係の構築を志向するもので、今の時点では誰もそこを射程に入れていませんけれども、最終的に争われるのは、このフィールドだろうと思っています。

この三つのプロジェクトを通して、新たな事業領域と、そこにおける知的・創造的プレステージを確立することが全体の目的です。

近未来においては、これまでの延長線上にある情報と、新たな概念を持つ情報とが分離しつつ混在していくと思われますけれども、『Go Kuu』が目指すものは新たな情報概念で、ライフスタイルの豊かな変革を誘発する事業です。

情報はこれから、基本的には、まずはニュースやダイレクトマーケットのような生活情報と、エンターテイメントや教育などのエディテイメント情報と、健康や心や美などの生命情報が主になっていくと思いますけれども、『Go Kuu』が扱うのは主に生命情報です。

ちなみに、三つのプロジェクトにはそれぞれ適正スケールというものがあって、どれも大きければいいというものではありません。特に『Creative Sindbad』や『Go Kuu』は、そこを訪れた人が、あっ、ここだという、お伊勢参り的な感覚が持てればよく、鳥居のようなシンボル的な要素があればいいので、最初はあまり大きくする必要はないでしょう。とりあえず、今ざっと申し上げたことなどに関して意見を言っていただければと思います。

福原　私も今、ちょうど同じことを考えていました。出雲大社や伊勢神宮のように鳥居があって神殿があって、シンボルとして成立していればいいわけです。そこにＩＴが導入されるのですから、ヴァーチャルなコミュニケーションとか、イメージの伝達とかクリエイションはそこでかなりできてしまうでしょうから、建築空間よりも、ソフトに力を入れたほうがいいかもしれません。もちろん、人が集まった方がいいとか、実際に顔が見えた方がいいとかいうことはありますけれど。

谷口　ある程度、リアルな場所に人が集まらないとリアリティが感じられませんからね。たとえば、奈良時代に仏教を広めた時に、大仏とか法隆寺が果たした役割は大きいと思います。ですから特に『Zinng Zooq』に関しては、世界的に見て、なんだかすごいなあ、と思わせるような様式を実現できるかどうかで大きく違ってくる感じがします。そういうものに関しては映像ではなく、本当に建っているということが、これから重要になると思います。

コンピューターフィールドが大きくなればなるほど、場所が持つ力が重要になって、体感して瞬時にわかることが大切になっていくと思います。新しいものに関しては、それはいつの時代でもそうで、法隆寺や東大寺は、当時としては正しい戦略を取ったと思います。人間にはヴァーチャルではなく、身体感覚で新らしい何かを感じることが必要だと思います。エッフェル塔なども、鉄骨という時代的言語が持つ意味と力を的確に造形化したのでシンボルになりえたし、今もシンボルであり続けているのだと思います。

桜井　『Go Kuu』ではもちろんヴァーチャルなものも提供できるでしょう。しかし、だからこそ、どこかに総合的なリアリティを体験できる場所がないと、全部ヴァーチャルになって虚しい感じがしますし、生成的方向を目指したはずが、何かを見失って、とんでもない方向に行ってしまう危険性があるので、総合体感的な場所がやはり必要ですね。

谷口　例えば具体的なことで言いますと、日本には優れたミュージシャンをクオリティを維持しながらプロモーションできるところがほとんどありません。優れたアーティストは、単独でももちろん頑張りますけれども、でもなんらかの形で常に、世界レベルの表現シーンと直接触れ合っていた方が良い状態を保ちやすいです。

例えば、ＭＴＶは、音楽のプロモーションビデオをＴＶに流して一斉を風靡しましたけれども、しばらくしてアンプラグドというジャンルを創り、クラプトンが「レイラ」をアコースティックでやって話題を集めたりしました。これはＭＴＶの、お客さんの入るスタジオから自らが発信する形でやっていて、そういうリアルな場所と世界放映ネットワークとが連動していることがかなり重要だと思います。日本の美術館が世界的に見てあまり認知されていないのも、多くが外で創られたものを巡回しているからでしょう。

海藤　カッコいいものというのは、クローズドに見える場所が無いとダメで、それが無いと、世間一般と同じ平面上に見えてしまう。日本では割と親近感みたいなものが重視されますけれども、そういうところからはスーパースターは生まれにくいでしょう。

福原　文化発信と受信の場として見ると、日本はその点では極めてレベルが低いですけれども、世界的にみた場合、そういうことで成功している例はありますか？

谷口　例えばフランスの場合、あの国は民間よりも政府の方がラジカルだったりしますから、ルーブルを改装した時、ルーブル宮殿の内庭の真ん中にガラスのピラミッドが地下から地上に突き出ているような案を採用して、地下にヴァージンメガストアやブティックを入れました。つまりクラシックアートと現代の最先端のムーヴメントをあえてミックスしたわけです。

オルセー美術館も、近代の象徴だった鉄骨を使った鉄道駅を美術館に創り変えました。そこには歴史を継承しつつ未来を目指すというわかりやすいコンセプトがあります。スペインの、ピカソのゲルニカがあるソフィア王妃美術センターも、そういう方向性を持っています。ただ現段階では、今論議しているような場所は具体的にはまだ見当たりません。

福原　日本での具体的な例をあえて挙げますと、例えば東急文化村は、シアターやギャラリーなどがかなり頑張っていますけれども、ただ、シアターとギャラリーと音楽ホールが連動していなくて別の空間になっています。同じように東急百貨店とも、なんだか別の空間になっていて、イメージ的にも商売的にも、東急文化村という名前はつけていますけれども、連動していません。

サントリーホールも素晴らしいホールですけれども、企業活動との連動のようなものが感じられません。

谷口　東急もサントリーも文化支援の一環としてやっていますけれども、文化を経営の中に取り込んでいる資生堂とは違いますね。これから大切なのは、文化支援やパトロネージも必要ですけれども、企業ミッションの中に文化をどう組み込んでいるかとか、世界のシーンをリードしたり変えたりするような営みを自らが運営していけるかどうかが問われると思います。

福原　私たちも、そのためのヴィジョンやコンセプトさえ創れれば独自のものをやっていけると思うのですけれども、そのためには、スケールの問題も含めて、ハードにどれくらいのお金がかかるのか、運営費はどれくらいか、そのような形でのリターンがありうるのかとか、いろんなことをもう少し議論する必要があると思います。

それで、ちょっと話は変わるのですが、銀座の八丁目の資生堂パーラービルが、建て替えの時期を迎えています。五年前からすでにそうだったのですけれども、いろんな問題があって、先送りになってきました。具体的には建築規制の問題があって、現在の規制のままですと、あのビルは、それができる前に建設されていて、建て替えようとすると、現在よりフロアー面積が少なくなってしまいます。でも、もしそういう障害がなくなれば、昔から維持してきたパーラーレストランやギャラリーやその文化を将来につなげていくこともできます。

谷口　資生堂の場合、化粧品という商品とともに、レストランやアートギャラリー、つまりは、生活アートとしての化粧品や、おしゃれな食文化、そしてファインアートという、美にまつわる三つの異なる要素を、美しいものに対する憧れという次元で同一視して展開したところに資生堂という会社のユニークさがあり、それが資生堂の大きな文化資本になっていると思います。

福原　シンボリックアクションに話を戻しますと、パリの「レ・サロン・ド・パレロワイアル・シセイドー」はシンドバッド的ですね。かなりマニアックなデザインとコンセプトでパリのど真ん中に場所を創って、それで大成功しているわけですから。

パレロワイアルは、実は当初、かなりの赤字を覚悟していました。けれどこのままいけば、すぐに採算がとれるようになります。かなり順調に進んでいます。それでもう一軒、場所を借りることにしました。場所そのものが国営ですから家賃は安いですし、内装費も日本の半分くらいですし、場所そのものが、王政時代のしゃれたショッピングの場で、今でもそのイメージは残っているようですけれども、でもいつの間にか骨董品屋とか古本屋とかになって、そのうち店主が高齢になって店を閉めてしまったりして、すでにゴーストタウン化していました。

隣にある文化省がそれをなんとかしたいというので、私たちが極めて先鋭的なショップを出店することにしたわけです。文化省からはファサードには手を加えてはいけませんという条件でしたけれども、結果としては大成功で、資生堂がやったことがモデルとなって他のショップもできました。

あの場所を選んだのは、やはり、パリの中心部にあって、寂れてはいるけれども、かつては華やかだった場所という、場の力です。磁力のある場所でしたから、そこで特別なことを特別な方法でやれば、小さな場所ですけれども、何か面白いことができるだろうと考えたわけです。この方法は、何もフランスでなくても、中国でもイタリアでもプラハでも、いろんなところで展開しうるでしょうね。ですから、確かに『Creative Sindbad』的です。それをシンドバッドで言われたように、様々な場所とネットワークすれば非常に面白いと思いますね。

清水　実はパレロワイアルのフレグランスの売り上げの三分の一がネットでの注文です。私たちは香水は、実際に香りを嗅がなければ売れないと思っていたので驚きました。

福原　ハイソサエティのマダムたちの誰かが気に入って使っていて、それをお友達たちも気に入って、どうやらそれはあの場所でしか買えないらしいよ、ということで口コミで広がっていったようなのです。

谷口　そこにしかないというのも、それが評判になれば大きな価値を持ちますね。

福原　これから大切なのは、どういう価値を創りたいかが事業主体にとってはっきりしているかどうかです。それがはっきりしていれば、売り出した当初に一気に売れなくても気になりません。そういう価値はジワリと伝わっていくものです。パレロワイアルはその一つのいい例でしょうね。

資生堂の文化発信も、大正八（一九一九）年に突然始めたものではありません。その前後に少しずつ始めたことが、次第に評判になって、一流として認められるようになったのは、昭和一七（一九四二）年頃です。でもそういう伝わり方をしたものは本物として長く評価されます。そのためには創りたい価値がはっきりしていることと、その価値に普遍性や社会性が含まれていることです。

谷口　少し話がずれますけれども、私が常々、個人的に残念に思っていることは、とても深い価値を見つめ、あるいは新たな価値や美を切り拓いてきたような、そういう天才のような人もまたいつかは死んでしまって、その人が持っていたヴィジョンやコンセプトや価値観が、死とともに消えてしまうことです。でもそれがもし、なんらかの形で残されていれば、いろんな人がそれを感じたり、学んだりできます。

今福原さんがおっしゃられたことは、それとどこかで繋がっているように思います。それがたとえば、本物と呼ばれる形や営みや方法論だったりするように思います。そういうものをなんとか人に伝わる形で蓄積、あるいは伝承できないかと思います。

資生堂パーラーに行って、美味しいものを気持ちの良いもてなしとともに食べたということで分かる何かがあるでしょうし、そういう体感のようなものを創る装置ができないかと思っています。

日本人は一般に、小さな変化には敏感なのに、大きな変化に疎いところがあります。ただ、小さな変化のことはすぐに忘れてしまいますけれども、大きな変化というのは時間をかけて大きな価値を背負って行きます。

でも大きな変化も、変化し始める瞬間がやはりあって、それに敏感かどうかが、とても重要な気がします。そういう大きな可能性につながる瞬間への気付きというのは、やはりそういう感覚や視野を持った優れた人と触れ合えるかどうかということも重要なのではないかと思ったりもします。

それというのも、レ・サロンなどは、パリのネガティヴだったところをポジティヴなものに再創造した例ですけれども、基本的に近未来的なものというのは、あるいは優れたものというのは、ネガティヴポイントとポジティヴポイントを内包していて、それが新たな変化を誘発するように思うのです。その新たな変化の瞬間の可能性に気付けるかどうかが重要かと思います。

海藤　そういう人に出会える場が日本には少ないですね。イギリスのミュージシャンが日本に来ても、ウエーヴと東急ハンズくらいしか行くところがありません。ミュージシャンと出会える場がない。たとえば日本の劇場はコンサートが終わると、すぐ追い出されてしまいますけど、ロンドンでは終わった後、アーティストバーみたいな感じで、その場で宴会が始まって、建築家とかいろんな人と出会える。そういう場所が日本にはない。日本のアーティストに興味を持っている人はたくさんいるんだけれども、どうやったら会えるかがわからない。

福原　そういうアーティスト目線で見た場所が、ホールなんかの空間構成には必要ですね。

桜井　それとやはり、シンボリックアクション全体に言えることですけれども、そこに何度でも行きたくなるような場所でないと意味がありません。それは具体的にはどういうことかといえば、絶えず変化が起きていることでしょうね。心地良さ快適さはもちろんのこと、そこでいつも何かが起きていて変化し続けているということ、特に『Zinng Zooq』では、そこが勝負どころになる。

それと、日本では本当に良いものがメジャーにならないという現実があって、それを突破する方法が今のところ見当たらない。それで世界の一％くらいは分かる人がいるだろうということで、海外に出て行く人も増えている。では日本人が本当に良いものがわからないのかというと、そうではなくて、そういうものに触れる機会が少ないからということがある。でも今のメディアは旧来のやり方を変えようとしない。だから、『Zinng Zooq』では本当に良いものが良いと評価されて、そのことがポピュラリティを持つようにできればと思いますね。

清水　私たちから見て、本当のアーティストだと思える人と、そうでない人がいますから、集まって欲しい人のクオリティが、本物というのがどんなものかということをすり合わせる必要があるように思います。

これは自画自讃と思わないで欲しいのですが、社長が創った「レ・サロン・ド・パレロワイアル・シセイドー」は、別に来る人を選別しているわけではないのですが、様々な出会いが生まれているそうです。

そういうことが広まったからかもしれませんが、印刷会社に就職した私の息子が、先輩から、その人は私が資生堂にいることは知らないのですけれども、パリのレ・サロンに行って来なさい。あいうものを見ておかないと駄目だぞ、と言われたそうです。ですから、もし空間そのものがあるクオリティをまとっていれば、先ほど言ったすり合わせは、もしかしたら必要ないかもしれない。で、それで、もし可能であれば、パーラーを建て替える時には、そういうクオリティをまとわせたいと思うのです。あれは資生堂にとって、唯一無二の場所ですから。


福原　パーラーは空間としてはややエキゾティックなものですけれども、サービスはとってもヒューマンで、それをなくしてはいけません。

シンボリックアクションの場合、問題はどうやって文化全体をカバーするような働きが結果的にできるか、ということです。ただ、それを最初から総合的にやるという方法もあるでしょうけれども、部分からスタートして、それを伸ばしていった方がいいような気がします。

先日あるフランス人と食事をしたのですが、彼がイタリアの水族館に行った時の話をしてくれました。そこにメルーという大きな魚がいたのですが、その魚と目が合った途端、彼はその魚を愛してしまったそうです。それでずっと見ていたら、守衛が来て、もう閉館ですというので、私は今、このメルーと恋に落ちてしまいました、と言ったところ、閉館を三〇分遅らせてくれて、彼は涙を流して帰ってきたというのです。そういう類のことがそこでしょっちゅう起きると素敵ですね。

ただ立地に関しては相当考えた方がいいと思います。選んだ場所が数年後にどうしようもない、悪い評判が立つようなところだったら、どうしようもありませんからね。経営者にとっては、そういうことが一番怖いですからね。

自分たちの自己免疫力が低下していたり、あるいは自己矛盾が生じ始めているかもしれないということで、それを治すのがシンボリックアクションだとしたら、幼虫が蛹になって、そしてそこから蝶が生まれるといった、そういうダイナミックな変化を起こすものでないといけないと思うのです。そうなればそれを契機に新しい免疫系が生まれる、そういうことではないでしょうか。

谷口　全くその通りだと思います。孵化というのは、連続的にではなく飛躍的なメタモルフォーシスですからね。表現の世界も同じで、極限まで詰めていって、突然ジャンプするわけで、弱った免疫系というのは、それ自体をなんとかしようと思ってもダメで、やはりダイナミックな飛躍の体験があって初めて、新たな免疫系を創り出せるのだと思います。シンボリックなアクションというのは、まさにそういう意味ですけれども、ただそれには、近代のようにスケールメリットを追求するのではなくて、あくまでもクオリティメリットを追求すべきです。

それとすでに内在化させてしまった、過去の成功体験を捨てられるかどうかということもかなりハードなテーマになるような気がします。パレロワイアルのレ・サロンも、資生堂の商品を扱ってはいても、その内容も、それを包みこむ空間も、それまでの資生堂とは全く異なる表現を取っているわけで、だから成功したし、それが資生堂本体にも大きな刺激を与えたのだと思います。

清水　最近、実は社内で、何かシンボリックなものが欲しいという動きがあるのです。それは今議論しているような建築空間とかではなく、製品であったり、マーケットであったりするのですが、卵から雛が孵化するときに、中から殻を破ろうとする音がすると、親鳥がそれを聞いて外から殻を割ってあげる。その阿吽《あうん》の行動を啐啄《そったく》というらしいのですけれども、どうも中から殻を割って出ようとしているエネルギーのようなものを感じるのです。そういう欲求が社内にあるような気がしてなりません。しかもそれは、これまであったようなものとは違う種類のエネルギーのような気がするのです。

福原　そうですね。いろいろな人が、自分の仕事を通して何かを創り出そうとしているように私も感じます。ただ彼らのやろうとしていることを見ると、私にはちょっと部分的な仕事のなかでのような気がします。ですからそういうエネルギーをリードするようなパワーのあるシンボリックアクションが創れれば、そういうエネルギーが一斉に開花するようになると思います。

第3回ミーティング　文化事業の現在（一九九五年十月四日）

谷口　では三回目のミーティングを始めたいと思います。まず私のほうから、前回までの大雑把なフィードバックと、今回のアプローチと、発言のきっかけになるようなことをお話しさせていただきます。

このシンボリックアクション・プロジェクトは、資生堂の現在と未来にダイナミックな活力をもたらす可能性があると思われると同時に、資生堂という一企業の枠を超えて、現在の日本社会、あるいは次世代の社会の豊かさに繋がる何かを切り拓くには、どのような空間や装置やシステムを創り出せば良いだろうかを考えるプロジェクトです。

つまりこれは、資生堂の新たな文化事業戦略であり、また二一世紀をポジティヴな形で切り拓くための、世界を視野にいれた一つのヴィジョン&モデル開発であるとも言えます。お手元の資料の冒頭に、リルケの詩を引用してあります。

空から幸福が一つ

キラキララと降りてきて
大きく翼を広げると
私の心に火をつけました。（ライナー・リルケ「愛の唱」より　谷口江里也訳）

という詩ですけれども、このプロジェクトに関わる人はもちろん、将来的にその成果と触れ合う全ての人々の心に、こういうことが起きて初めて、シンボリックアクション・プロジェクトはその役割を果たすことができるのではないかと思います。
ですからこのプロジェクトにおいては、通常の空間&システム開発のような、既存の方法による目的集約型の方法はあえて取らずに、様々なアプローチを試み、そのプロセスを通して、最良のヴィジョンの可能性とリアリティと新たな方法にたどり着きたいと思っています。具体的なサンプルイメージとして前回提示いたしましたのは、次の三つです。

文化発信＝受信拠点としての『Zinng Zooq』
多様な場所の価値の発見を指向する『Creative Sindbad』
二一世紀のソフィアフィールドをリードする『Go Kuu』

これらの異なるプロジェクトが有機的につながり合うことによって、高い次元の生命的なダイナミズムを生み出すことができるのではないかと思っています。

私たちの社会が、平和のうちにネオ・ルネサンス、と私たちが呼んでいる次元への転位と、それによる人間的な豊かさを獲得するためには、社会の価値観を構成している様々な要素が変化する必要があります。

具体的には近代的な価値基準から脱して、例えば、進歩から成熟、娯楽から感動、論理から哲学、効率から元気、拡大からクオリティ、といった変換が、そちらの方が良いと感じられる形でなされる必要があると思いますし、そうでなければ個々の事業体も生き延びていけないのではないかと考えています。

それと言いますのも、私たちはすでに、このまま行ったら世界と地球はどうなってしまうのだろう、という危機感を持っていると思います。これは主に環境的なことが多いですけれども、それだけではなくて、近代文明やそこで生み出された社会制度の限界を含めて、このまま行ったら私たちや子孫の暮らしや生命はどうなるのだろうかという生命的な危機感などが、大なり小なり、現代を生きる人々の心に漠然とした、あるいは明確な危機感や不安としてあるように思います。

このような現実がどうして起きてしまったのかについては、大雑把な言い方をすれば、近代という社会運営モデルやシステムが自らのモデルのなかで幸せな世界をつくりだせると錯覚し、それに固執し続けてきたことにあると考えられます。

つまり、西欧近代的なシステムそのものに、致命的な欠陥があることがはっきりしてきたにも拘らず、方向を転換できないでいるところにあるのではないかと思います。それが具体的には、国や企業や社会や労働に対する疎外感、あるいは環境や生命に関する不安感、さらには現実の商品と無意識のうちにも期待しているものとのズレといった形で現れているのではないかと思います。

もう少し言えば、たとえば自分の快適さを重視したら地球環境を破壊してしまうのではないか、という風に、個々人の中でも社会の中でも、矛盾を内在化させてしまったり、分裂状態になってしまって、それを解決する方法や新たな価値観がまだ成立していないところに問題があるのだろうと思います。

シンボリックアクション・プロジェクトは、そうした問題意識の上に立って、それを乗り超える方法や場所をなんとか実現してみましょう、そういう文化事業的パイオニアとしての、一つのモデルを創造しましょう、というプロジェクトです。

そう考えますと、これは実に大きな難題で、今回は、その難題を突破するヒントになるようなことを、歴史や、そこで社会を大きく変えるムーヴメントとなったことから学ぶべきものがないだろうかと考えてみようと思います。

後世から見て大きな文化的・社会的変換を実現したと思われる時代は、そのなかで、その当時では全く新しい価値観やシステムを内包した建築や都市や社会の仕組みなどを実現しています。

たとえばイスラム都市は基本的にシステムの中心に商業を置いてつくられていますけれども、そこでは資産を持つ階級が、現在の日本の行政とディベロッパーを合わせたような役割を果たしました。もちろんその根底には宗教があり、そこには寄進（喜捨）を推進するザカートという教えがあって、それを為して初めて、自らや子孫の地位も保てるし、その徳によって天国にも行けるという価値観がありました。
そこから進んで、より美しい礼拝堂や街を創ったり市場などのインフラの整備を積極的にするという社会的慣習が生まれました。つまりそこでは、儲けたら少なくともその利益の半分を、社会や都市に還元するという暗黙のルールが機能していました。

一方、ヨーロッパのゴシックと言われる時代の象徴としてのカテドラルは、それとは違って、非常に戦略的に目的意識的に創られたものです。背景には王権と宗教の権威との主導権争いに加えて、経済規模の拡大、さらには教会を中心とした新たな都市の建設といったことが重なり合って創造されましたが、そのシンボル的役割を担うべく、天井高の高い大空間の実現、ステンドグラスを通した光による演出、残響の多い空間の中でのパイプオルガンや合唱隊による演出、それらを可能にする建築構造の発明といった、当時にあっては飛躍的なことを特別な技能者集団によって実現しました。パリのノートルダム大聖堂に代表されるゴシックのカテドラルは、彼らが思い描いたヴィジョンの高さや強さの表れであり、期待値（必要性）の大きさの表れでもあったでしょう。

ヴェネチアもまた自立都市を創造するという明確なヴィジョンに基づく独自の街づくりで、そこでは非常に先進的な、エコシティ、あるいはコンパクトシティ的な概念や、自律的な地域計画を実現していて、それは現在のベネト州がベネトンやオリベッティなどの非常に個性的な企業が生まれることに大きく関係していると思います。

また奈良は、国家や都市や建築や文化という概念をプロジェクトによって実体化した日本で最初の都市だと思いますが、そこで実現された文化的装置は今も機能しています。

とりあえず四つの例を挙げましたけれども、そこに共通しているのは、建築空間とその集合によって新たな価値を社会化することを実現しているということです。そこでは建築や街がシンボリックで文化的な装置となっています。それが結果として経済基盤を拡大し強固なものにする働きをしましたし、のちに世界遺産となるような美しさをもたらしました。逆に言えば、美しくなければ、それほどの力を持つことにはならなかったでしょう。

ですから私たちがこれから、ネオルネサンス的なヴィジョンを空間やシステムによって美しく実現することができれば、それは後世から新たな扉を開けたものとして評価されるでしょうし、私たちの社会がそれを実現できなければ、世界はより過酷な、あるいは悲惨な状況に直面するだろうと思われます。

そういう現在的課題に何らかの形で取り組んでいる企業も世界的に見ればいくつかあるように思われます。たとえばヴァージングループは、ヴァージンレーベルからヴァージンメガストアやシネマ、そしてヴァージンアトランティック航空と、旧来の企業から見れば、信じられないような転位を軽々として、ほとんど脈絡がないようにも見えますけれども、ブランドイメージはちゃんと保持しています。

これは面白い資本運営手法だと思います。創業時の本社はボートハウス（船）ですし、ブランソンはどうも、マーケットや需要がどうだからというようなことではなく、自分にとって心地良いかどうか、というようなところに価値基準を置いているようなところがあるように見えます。

つまり資本主義の中でヒューマンな価値を展開しているようなところがあって、それが結果的に硬直化したマーケットそのものを変質させているように見えます。

またベネトンは、ルチアーノが思いつきでやっているように映りますけれども、ブランソンと同じように確信犯です。ただその戦略性は、ベネト州の文化的背景や、そこで生まれ育った自らの来歴を拠り所に、つまり個人的な生理感覚に近いものを拠り所にしているという点で、やはりマーケットを分析してそこから戦略を立てるのとは逆のアプローチをしているところが今日的です。

事業的に見てもラジカルで、ユナイテッド・カラーズ・オブ・ベネトン、色の共和国というスローガンに表されているように、これまでファッションにおいて重要であるとされてきた、形やデザインセンスではなく、色という感覚ツールを前面に押し出して、好きな色を選んでください、という感じで、一人一人の客の選択に委ねるというあたりが今日的ですし、広告を見ても、反戦を打ち出したり、皮膚の色による差別を軽くいなしているあたりもラジカルで、いわば禁じ手を無視することで大衆的な支持を得ました。

アップルとマイクロソフトはどちらかといえば対照的な企業で、アップルは先進的なハードにこだわりを持っていますし、マイクロソフトはコンピューターを稼働させるソフトというテリトリーを征服しようとしているあたりは違いますけれども、どちらも、近代が産み出した最終ツールであるコンピューターとインターネットの最前線を走り続けることでシェアー獲得戦争の勝者になろうとしている点では同じです。

またメルセデスベンツは二〇世紀の基幹産業である自動車の世界で、既にブランドとしての地位を獲得し維持している企業ですけれども、信頼を基盤にしつつも、自らがその世界の覇者だというプライドのもとに、逆に最先端のことに果敢に取り組んでいるように見えます。

ところがわが国ではこのところ、世界の未来を自らが切り拓くような営みがあまり見えません。かつてはソニーがウォークマンを創って、家電の世界をファミリーからパーソナル、しかもそこに移動という概念を持ち込んで大成功しましたけれども、どうもそれを未来戦略ヴィジョンとして展開して組織そのものを変革するところまでは、今のところ行ってはいないというか、その成功体験がある意味では災いして、逆に、クリエイティビティよりマスを志向する方向に向かっているように見えます。

ホンダは本田宗一郎というチャレンジングなカリスマの牽引力で人気を得ましたし、Ｆ１の世界で桜井総監督のもとにワールドチャンピオンになるという快挙を成し遂げたのですが、桜井さんがホンダをやめた後、その成果を活かしきれていないように見えます。

セゾングループは、百貨店という既に時代的な役割を終えかけている業態に、パルコやロフトやウェーヴやリブロや美術館や劇場などの文化経営戦略を導入した点で、日本では稀有な企業だといえますが、しかし高度成長と拡大路線という、かつての産業化社会のスタイルと決別することができなくて、せっかく渋谷パルコのようなユニークなものを創ったのに、それを各地で展開して、近代的な方法論、既に力を失っている同一モデルの再生産を行なって、逆にパワーを失っているように見えます。

バブル経済とその終焉は、戦後の高度成長末期に、無自覚で無思想で無節操で幼稚な状態にあって、世界相手の免疫力を持たない日本経済が罹ってしまったインフルエンザのようなものでしたけれども、あっという間にはじけてしまったので、そこから突拍子もないものが生まれるチャンスさえ失ってしまいました。

こうしたことは総じて、無意識のうちにも近代的な方法に執着して、新たな時代の新たなありようを描くことができなかったという、構想力や文化事業戦略の欠如、具体的には、大衆という存在を消費者としてしか捉えることができなかったからだと思います。

事業活動以外でも、文化的なムーヴメントが大衆的な支持を得て、社会を一変させることがあります。例えばビートルズの登場に端を発した六〇年代から七〇年代前半にかけてのロックムーヴメントです。

ビートルズはそれぞれ異なる個性を持つ四人が、個性を殺さずにバンドという表現方法の中で、個性を逆に思う存分発揮して成功したという点に、革命的な新しさがありました。そのことによってアクティヴな表現者とアクティヴで多様な支持者とが共に進むという、かつて無い現実を生み出しました。ロックムーヴメントの中にいる個々人は単なる消費者ではありませんでした。

もう一つ、Ｆ１というポスト高度資本主義的な構造を持つ世界的なイベントがあります。Ｆ１は最先端のテクノロジーとマネージメントと、エンジニアやレーサーなどのヒューマンパワーがしのぎを削る過酷な舞台ですけれども、八〇年代の後半から九〇年代の半ば、セナが登場し亡くなるまでの一〇年間は単なるレーシングスポーツという次元を超えて世界的なムーヴメントとなりました。

これは桜井さん率いるホンダチームが、マシンの性能やコミュニケーションシステムを飛躍的に向上させたことと、アイルトン・セナやアラン・プロストやネルソン・ピケやナイジェル・マンセルといった、個性豊かな天才ドライバーたちの存在が重なって生じたムーヴメントですけれども、感動という極めてパーソナルな価値を重視しながら経済的にも成立しているという点で、事業というものの新たなありようを提示しているように見えます。

以上、大変長くなりましたが、シンボリックアクション・プロジェクトが目指す地平の確認を兼ねてあえて申し上げました。こうしたことを総合的に分析した結果、私たちはシンボリックアクション・プロジェクトの事業課題は次のような言葉に集約できるのではないかと考えました。

シンボリックアクション・プロジェクトは
人間が持つ最もポジティヴな心身の働きである感動とときめき
美を発見する心と、それを誰かに伝え分かち合う喜び
そして、その基盤である心身の全てをもって感受する力と
そこから構想するイマジネーションという力を駆使して
感動を生み出し、それを他者と共有し
より大きな感動へと発展させる豊かな形と方法とシステム
またそれを展開し享受する場所を
大衆の天才化、大衆のパトロン化という
ネオ・ルネサンス的なコンテキストの中で
現実のクリエイティヴスペース&システムとして実現し
天才の創造力や生命力、パトロンの美意識や社会的ヴィジョン
ならびにその関係が持つ
高度で豊かな表現力（感受力、客観力、外在化力）を
個々人のパーソナルな美意識の中に創り上げることを

事業課題として持つプロジェクトを
美とそれにまつわるライフスタイルを
歴史的に事業対象としてきた資生堂が
現在の混迷した時代と社会の中で
大きく一歩踏み出し、自らが文化的社会的シナリオを描き
二一世紀の来るべきネオ・ルネサンス的文化創造と
それを支える美意識
そして市民と社会の美意識とイマジネーションが
生き生きと活動しうる現実的な場所を
シンボリックな空間とシステムとして具体的かつ明快に創り出し
ヴィジョンとそれを実現する方法を生産し運営する
地球的リーディングカンパニーとなるための糸口を創り出す
一つのチャレンジングなプロジェクトです。

桜井　今回のミーティングのための報告に際して重視したことは、前回提示したイメージやコンセプトをブレイクダウンして煮詰めていくと、どうしても空間の大きさだとか、具体的な場所だとか、経済効率はとか、そういう既存の空間事業の通常のプロセスに入って行きがちになります。そこでもう一度視野をさらに広げる形で、シンボリックアクション・プロジェクトが何を目指すものなの

か、その本質的な意味とは何かというアプローチをあえてしてみたということです。

その時私たちの中でずっと気になっていたことは、例えば建築一つにしても、資生堂が中心になって、こんなふうな使われ方をする非常に素晴らしい建築を創った、といった範疇でこのプロジェクトを考えていいのか、それはこれまでの商業的な建築空間と何が違うのか、ということです。もちろん今から新たに建設するのですから、今までよりも良いものを目指すのは当然としても、結局は、これまでに建てられたものと同じような範疇のものになってしまうという危険性を、どうすれば乗り越えられるかということです。

ですからそこを一歩出て、二一世紀的な、未来においても通用するような、というよりむしろ未来においてこそ活力を発揮するような、継続的で生成的なシステムを内包したものができないか、と思っているわけです。


現在二〇世紀の終末にあって、近代資本主義は極限的なところまで来ています。お金と情報という、ともに無制限・無人格的なものが結びついて、高度資本主義の最終段階に入っています。しかしこのままでは、かなり短期間のうちに社会が崩壊してしまうのではないか、ということが誰の目にも、本当は見えているのではないでしょうか。

一方、人々の意識は、先ほどの説明の中にあったように、命とか地球といったことにリアリティを感じるようなイマジネーションが強くなっています。そのことと、無制限・無人格なお金と情報の結びつきという現実との落差が非常に大きくなってきています。

ですからこれから行うシンボリックアクション・プロジェクトは、人々の命や地球に対する意識と結びついたものでありたいと考えています。同時にそれは経済システムとしても、お金という資本を出してこれを創りました、という次元ではなく、大衆一人一人の意識とその変化と継続的に結びついて行きたいと思っています。

いきなり乱暴な表現をしますけれども、単刀直入に言って、人類の文化的な歴史の中で、大衆がまだなり得ていないものが二つあり、それは天才とパトロンである、と私は思っています。

天才とパトロンは、言葉としては全然違うように見えますけれども、創造という観点から見れば実は一体のものです。また今日的な状況の中では、テクノロジーの発達によって、大衆がいろいろな表現をしたがっているし、ある程度はできるようにもなっています。

その中で、大衆が天才になろうとした時、初めて自覚せざるを得ないのが、表現や創造におけるレベルの問題です。このことがこれからの大きなテーマになるでしょう。大衆がそれにぶち当たった時、つまり優れた表現という壁にぶち当たった時、今度は、それに参加したいというところに初めて意識が向きます。それが大衆がパトロン化していく現象を生み出す構造です。それが二一世紀における、文化を中心にした新たな文化資本主義形態の一つのあり方ではないかと思うのです。

そこで、エモーショナルな感動に対して、大衆がパトロン化する形は創れないかと考えて、今回は歴史的な、あるいは現在的な事例を検討する中から、イメージを浮かばせようと思ったわけです。

もちろん、今の段階ではあくまで仮説に過ぎないのですが、なんとか今までのシステムを突破したいのです。そういう力を持っていないと、シンボリックアクション・プロジェクトも、良いものができましたね、で終わってしまいかねない。

たとえばF1では、何十億というお金を出すパトロンと、実際にやっている人が全くの対等関係です。近代のスポンサー主義では、スポンサー上位という感覚があるのですが、そういうものはF1には一切ありません。マルボロといったメジャーなところが、形としては近代的なスポンサー活動の一環として参加していますけれども、実際の担当の責任者、役職としては社長とか副社長ですけれども、彼らと話をすると、基本的に自分たちがF1をやることはできない。だからお金を出すことで参加して感動を共有したいのだ、というのです。

天才とパトロンという関係は、一方は技術や才能、一方はお金を出すことで参加して、感動のグラウンドを一緒に創り上げていくものなのです。それを二一世紀の経済システムの中に入れることができないだろうか、ということです。それが今回のイメージです。

そのような視点を持って初めて、『Zinng Zooq』や『Creative Sindbad』という場所を中心にしたものと『Go Kuu』というネットワークを中心にしたものが、結びつく意味が出てくるわけです。『Go Kuu』は、ある意味ではヴァーチャルな世界です。しかしそれはヴァーチャルな情報にお金を払うという構造ではなく、もちろん実際にお金は払いますけれども、内容としては、そこで行われていること、天才たちが創造することに対する感動を一緒に味わい育てる、という構造をとるのがこのネットワークの特徴であり、それが『Zinng Zooq』や『Creative Sindbad』と有機的に連携していますので、実際にそこに行ってみることもできる、ということが魅力であるわけです。

福原　前回のミーティングで、未来的なものは、必ずポジティヴな要素とネガティヴな要素を内包しているというお話がありました。あの後で、そのことを二日ほど考えて、私たちがポジティヴとネガティヴの、ある意味では危険なバランス、もしくは緊張を表現していくことが、一番シャープなことなのではないか、と思いついたわけです。

そこでそのことを経営企画部長の守谷一誠と議論してみましたら、彼も同じことを考えていて、それは同時に出てくるものではなく、ある時はポジティヴなもの、ある時はネガティヴなものが出てくる一種まだらなもので、重要なのはそのマネージメントだということで考えが一致しました。

それから今回、ベネトンやヴァージンのことが出ましたけれども、彼らが優れているのは、単なるモノづくりではなく、文化的な思想にアクションが備わっているということです。思想があり、それを裏付ける行動をして、それが商品に結びついています。

先日ヴァージン・グループの創業者であるリチャード・ブランソンと雑誌の企画で対談をしたのですが、彼と私が言っていることはほとんど同じなのです。ただ、私は言っていることとやっていることが違うのですが、彼は言っていることとやっていることが同じなわけです。

ベネトンのルチアーノとも個人的に話し合ったのですが、彼もそうです。ですから、単に形を作るのではなく、非常に先鋭的な思想の結果としてのモノづくりであり行動だとすれば、やはり根本的なことを考え、思想を創り、それを広めるということだけでは、やはり駄目なのかなということが一つあります。

それと、ベンツは重たくて丈夫な自動車をつくると同時に、環境問題に対処した車もつくっていますね。私の友人に元ゼロ戦の戦闘機乗りがいて、彼は九十歳をこえているのに、夜中にゴルフ場に向かう時に、中央高速をベンツで二〇〇キロで飛ばしたりするような人です。でも二〇〇キロ出しても、ゼロ戦の操縦感覚にはかなわないんだそうです。ゼロ戦は五〇〇キロを超えて初めて安定するそうですが、その感覚を味わうために、彼はベンツのイスの位置をゼロ戦の位置と同じようにしていて、そうすると、ハンドルコントロールがかなり似た感覚になるそうです。私はびっくりして、中央高速の大月のカーブでは何キロくらい出しているのですか、と聞きましたら、一四〇キロくらいかなと言っていました。

つまりベンツは一方では安定したハンドリングの良い車をつくり、一方では環境のことをものすごく考えた車もつくっている。まずは土台をつくっておいてその上でいろんなことに取り組んでいる。それはどういう思想の現れなのだろうかと、今日のお話を聞いて思いました。

また現在、私たちが対等のパトロン関係を結んでいる例が二つあります。一つはセルジュ・ルタンスです。これはパトロンというより、私たちの方が命令されているような感じですけれども、もちろんそれを承知でやっているわけです。

もう一つはメーキャップ・アーティストのステファン・マレーです。彼は現在のスーパーモデルを十代の頃から起用していますが、先日ステファン・マレーのポラロイドとモザイクによるスーパーモデルの展覧会をやったところ、初日にステファン・マレーの追っかけの女子大生がいっぱい来ました。

こういうアーティストとパトロンの関係はもちろんF1に比べれば小さなものですけれども、ステファン・マレーをもっと大きく育てていったり、より影響力のあるクリエイターたちを起用していけば、面白いことができるかもしれません。

それから『Zinng Zooq』のバーを有名にして、クリエイターたちは、日本に行ったら、あそこに寄らなければ、となれば面白いですね。そこに行くとたまたまステファン・マレーがいるかもしれないし、ケヴィン・オークィンが来るかもしれない。ケヴィンはメイキャップアーティストなのですが、サミー・デイビス・ジュニアに始まって、ハリウッドの役者やミュージシャンのほとんどが友達です。日曜日にはサミーの家に集まって、一日中パーティをやっていたそうです。

日本にライザ・ミネリが来た時、ケヴィンもライザもお互いに日本にいることを知りませんでした。そこで私が、ライザが来ているけど明日観に行きますか？　と聞きましたらケヴィンがびっくりして、ライザのホテルを探して電話しました。するとライザが、NHKのメークが全然ダメだから今すぐ来て、ということになって、初日のライザのメークは良くなかったのですが、二日目はケヴィンがやって良くなりました。私は三日目に行きましたけれど、ケヴィンと一緒に楽屋に行きましたら、ケヴィンをサポートしている会社の社長だという尊敬の念で、ライザが私に飛びついてきました、アーティストとの関係には、そういう面白さがありますね。

それと、ロベル・メルローズという、フランスではそれほど有名ではないデザイナーをザ・ギンザに投入しました。オーセンティックで、ちょっとしたいたずら感があるので日本人には合うと思ってそうしたのですが、メルローズが日本に来た時、顧客に招待状を出しましたら、福岡に住む親子がともにメルローズの服を着てサインをもらいにやってきました。

私の周りで起きているこうしたことは小規模ですけれども、五年前にはなかったことなので面白いなと思っています。かつて福原信三のサロンに集まった人を羨ましがる人たちがいたのと同じようなことが起きていて、こういうことをもっと発展させていければと思いますね。

今はちょっとした人でも追っかけが出てきます。でもそれが勝ちにつながらないうちに消えてしまいます。ですからそうした人たちを高いレベルの価値にまで持っていくには、やはり場所とシステムが必要ですね。

桜井　今おっしゃられたことをＦ１の世界に置き換えると、名前を挙げられたクリエイターがＦ１ドライバーやチームの人たちになります。アラブの石油王などのパトロンがいて、その中にはマルボロやベンツの社長もいます。他にも映画俳優とか政治家といったいろいろな人たちが集まります。そこは一種の貴族社会といいますか、それぞれやっていることは違っても、エネルギーレベルが似ているダイナミックなサロンです。それは半分クローズドで、半分オープンでもあるというなんとも微妙な状態になっています。

もちろんファンの人たちもサーキットに来れますし、そちらの方が人数としては圧倒的に多いわけですけれども、パドックという、一般の人たちが入れないエリアがあり、そこには福原さんやライザ・ミネリのような人がいて、ファンの人たちは金網越しに、そういう人たちやマシンやドライバーを見るという構図になっています。一つのレースで集まる一〇万人のうち、そこに入れる人はごくわずかですが、そういうエリアがあることは誰でも知っていて、それがある種の華やかさというか、ダイナミズムを産むわけです。

さらにテレビを通じてF1を観ている人が全世界で一〇〇〇万人いますが、これはヴァーチャルな世界です。すごい数の人たちがヴァーチャルでF1に接しています。もちろん、行こうと思えば年に一〜二回サーキットに行って、現場で、そこで生み出されているものを体で感じることもできるという構図になっています。

またテレビで観戦している人も、関連グッズを買ったりしますし、七万円も払ってサーキットで観戦する人も同じように記念の品を買ったりして、感動や華やかさにお金を出したり、リアルなものを手にしたりします。

そういうお金をトータルすると四〇〇〇億くらいのお金が動いていることになりますが、車づくりなど、実際にかかる費用はその五分の一です。つまり五分の一のお金で、非常にシンボリックな場や雰囲気をつくることでお金が入ってきますし、同時に大衆は感動を共有するということになります。

シンボリックアクション・プロジェクトがそれと同じようなものになるといいと思うのですが、

そのためには何か確かなものがどうしても一つ要ります。ヴァーチャルな広がりが大きくなればなるほど、逆に確かなものが一つ必要になります。逆に言えば、すごいものが一つあれば、今の時代では二つはいらないということです。

先ほどパルコの話が出ましたけれども、渋谷に一つつくり、それが立地的にもよくて成功したのであれば、あとはテレビやネットでカバーすれば済むことで、地方に似て非なるものをつくる必要のない時代、今はそういう時代だと思うのです。でも繰り返しますけれども、新しい価値やシステムを創出するには、一つだけは何かリアルなものがいるのです。そういう場所で、今福原さんがおっしゃられたようなことが行われている必要があると思います。

その芯にあることは、先ほど、福原さんがおっしゃられた、ポジティヴとネガティヴのバランス、あるいはマネージメントです。たとえばＦ１は、華やかですけれども、同時に死に向かっていく、死と隣り合わせの文化です。もし華やかさだけであれば、勝手にしてください、というだけのことでしょう。ドライバーが死と隣り合わせであるということは、実は観客も死と隣り合わせなのです。それが今回の場合、何なのかということをもっと検討する必要がありますね。

福原　昔の銀座のにぎわいも、そういうことですよね。太宰治がどこそこのバーに誰かを連れて来ていたとか、文壇バーで阿川弘之と大江健三郎が殴り合いをしたとか、吉田健一が蕎麦屋で大声で悪口を言っていたとか。それはいつ起きるかわからないけれども、銀座という場所で確かに起きていて、いつ起きるかわからないというスリルも含めて銀座に人が集まって来たわけです。

何が起きるかはわからないけれども、いつ起きるかもわからないけれども、そういう人たちがリアルな銀座という場所に来ていて、しかも実際、いろんなことがしょっちゅう起きるわけです。そうなれば、遠くにいる人も、また文壇バーには入れない人も、どうも銀座というのは文化的で面白そうなところなんだな、という風に場所のキャラクターを感じるわけです。桃井かおりは、スキャンダルで街は栄える、と言いましたけれども、そのスキャンダルは、私が言ったネガティヴ要素と同じようなものですね。

谷口　ちょっと話が飛びますけれども、皆さんはスペインの闘牛をご覧になったことがありますか? たぶん一般的には、ただの血なまぐさい残酷なショーと思われているでしょう。私も以前はそうだったのですが、一度素晴らしい闘牛を見て、その時に、美と死とは紙一重で表裏一体だ、本当の美というものはそういうものだ、という実感を持ちました。

素晴らしい闘牛とそうではない闘牛とでは天と地ほどの差があって、全く別のものです。闘牛というのは通常、三人の闘牛士が順番に二頭の牡牛を相手に、全部で六回の演技を行います。

細かなことは省きますが、非常に様式化されていて、いくつかの異なる内容のステージを踏んで進行し、そのプロセスを見せるものですけれども、最後の方で闘牛士がマントを持って華麗に牡牛の突進を交わす技の披露があり、そのあと牡牛が疲れた頃を見計らって、闘牛士と牡牛が睨み合って対峙し、やがて真実の時と呼ばれている、闘牛士が牡牛の肩甲骨の間の隙間にある小さな場所に狙いを定めて、飛び込むようにして心臓に剣を突き刺してトドメを刺す場面があります。それが最後の仕上げで、それを見事に行って初めて闘牛が完成するわけです。

もしそれが決まらなければ、それまでの闘牛がどんなに素晴らしくても、というより素晴らしければ素晴らしいほど、真実の時が華麗に終わることを、観客は静まり返って固唾をのんで見守るわけです。

その日の闘牛は年に一度の、最高の闘牛士と最高の牡牛との、マドリッドの由緒ある闘牛場での闘牛でした。最初からどの闘いも素晴らしく、観客の大興奮のうちに六番目の最後の闘牛となりました。

それは若くて将来を嘱望されている闘牛士でしたけれども、最初から実に見事な闘牛技を繰り広げ、最後のステージでも華麗な技を見せた後、動きを止めた牡牛の目を見据えながら近づき、鋭い角の先に体を寄せ、牡牛を見据えたまま自らのネクタイをほどき、それを牡牛の角にリボンのように結びつけるという、見たことのない危険な技を披露した後、クルリと体を翻して牡牛から離れると、観客に手を振りました。その見事さ華麗さに会場は大興奮となりましたが、それだけに闘牛士が真実の時の構えに入ると、たちまち会場は静まり返り、その日の闘牛がみごなフィナーレを迎えることを祈るような気持ちで見守りました。

そして闘牛士が見事に剣を牡牛の体の奥深くに刺し、そして牡牛がゆっくりと膝を折って地面に体を沈めた瞬間、割れんばかりの大歓声が巻き起こりました。ところがその時、牡牛がよほど強かったのでしょう、もう一度地面からヨロヨロと立ち上がってしまったのです。闘牛場全体が溜息に包まれました。見事な闘牛が最後の最後を飾れなかったことに対する溜息でした。

ところがその時、思いもよらないことが起きました。立ち上がった牡牛を見た闘牛士が、何を思ったか牡牛に近寄り、右手で牡牛の肩を抱きながら牡牛と一緒に歩き始めました。自分が飛び出て来た門に向かって歩む死を迎えた牡牛と共に歩む闘牛士。観客もまた静まり返ってその姿を見つめました。牡牛には、門の向こうの、自分が育った緑の牧場が見えていたのかもしれません。そして門の正面まで来た時、闘牛士がマントを優しく牡牛の肩にかけました。するとその瞬間に、力尽きた牡牛が祈るようにして膝を折り、ゆっくりと体を沈めました。それは本当に美しいシーンでした。

我に返った観客の大歓声が再び闘牛場に鳴り響き、一度、ああダメだったと思った闘牛を、自らの創意で最高のレベルに導いた闘牛士に、それこそ万雷の拍手を送りました。それを見て私は美とはこういうものだと思いました。次の日の新聞はそれを、一〇〇年に一度の闘牛と褒め称えました。

私が言いたいのは、その闘牛士は見事な闘いを見せた牡牛と心で会話を交わしながら、一度ネガティヴになってしまった闘牛を、牡牛に寄り添い、自らの一瞬の創意に導かれながら、誰も想像しなかったままでのレベルのポジティヴな闘牛に変えてしまったということです。

生と死が紙一重であるように、人間にも天才もいれば、バカと呼ばれる人もいて、でも、何かのきっかけで両者が接点を持って触れ合うことで、飛躍的な何かが生まれることもあります。そのダイナミックな接点を体感できる場所が今、あまりにも少ないように思います。そういう場を創れたらと思います。

そこではパブリックな場所とクローズドな場所がうまく混ざり合っているといいと思います。ガウディがサクラダファミリアを創っていた時、そこに住んでいましたけれども、そういうことが意外と空間の質やリアリティと関係します。

ですから、その空間のどこか快適な場所に福原さんが住んでいるというようなイメージがいいと思います。それで誰かが壁のレンガを積んでいたり、それを子どもが面白そうだなあ、と思って見ているという、そういう進行形の感じもいいのではないかと思います。

桜井　今話していることはものすごく重要なことです。F1にはFIFAという組織があって、会長はバレストルというフランス人ですが、彼は時々変なことを急に言い出します。突然ルールを変更したり、セナのドライビングを非難したりします。するとジャーナリストたちが色めきだって、大論争になったりします。

これは大概オフシーズンの冬場に起きます。私も最初はムキになっていましたが、二〜三年経ったとき。どうもこれは意識的にやっているなということがわかってきました。出場停止処分とかも本気でやるのですが、しかしどこかわざとやっているような部分もある。全部意識的にやると演技だと思われてしまいますから、半分意識的で、半分無意識で、大人数を巻き込んでそれをやるわけです。

我々日本人は、そういうことが苦手なのですが、このプロジェクトはどうやら、それに挑戦しないといけないのかもしれません。先ほど福原社長が言われた、ネガティヴとポジティヴの微妙なバランスということですけれども、それを一人でやるのではなく、システム、あるいは大人数で阿吽の呼吸でそういうことをやる磁力を持った場を創れるかどうかだと思います。

福原　ポジティヴな方向に行きましょう、ということに関しては、みんなそうしようとします。誰もネガティヴな方に行きたくはありませんからね。でもその両方がないとダイナミックにならないのです。

例えばソニーのロゴマークのデザインやウォークマンの開発をした黒木靖夫さんは、ソニーの創業者の一人で革新的な商品を次々に世に送りだした井深さんのチームの中にいて、それだからこそ成り立っていたようなところがあります。黒木さんの方向性というのは、もう一人の創業者の盛田昭夫さんの商業主義とは相容れません。井深大さんが商業主義ではないということではないのですが、より純粋なものを持っていて、だからこそ成立していたところがあるのです。

黒木さんがソニーを辞めて黒木事務所をつくったとき、盛田さんには株主になることを頼んではおらず、株主になったのは井深さんと堤清二さんと私です。黒木さんには盛田イズムともいうべき商業主義とは相容れないものがある。ですからお辞めになったのですけれども、それによってソニーの存在感が失われ始めました。違う要素というのは組織のダイナミズムのためには必要なのです。

また先日、ホンダの元会長の杉浦英男さんとお話ししましたが、そのとき、欠陥車問題が発生したときに、安全性のチェックの部隊を設計部の中に入れたところ、皆がその枠内でしか車をつくらなくなったため、自由な設計をさせるために、安全性の監査役を別のところに置いたそうです。

それで良くなったと杉浦さんは言われましたけれども、私はどうもそのチェック機構がいまだに尾を引いているのではないかと思います。もし私が設計者だとして、あいつの設計した車は安全チェックに三回もひっかかったぜ、とか言われたら、やはり嫌ですからね。

桜井　おっしゃる通りです。設計部の外に監査役を置いたのですが、そのチェックがものすごくうるさくて、私は開発のプロジェクトチームのリーダーをやっていて、泥棒と警察の関係で言えば、そのとき私は泥棒というか、魅力的なものを創るためにいろんなことをごまかしてやっていました。ところが私が三十七歳の時、今度はお前がそっちをやれという業務命令が来て、最大の泥棒が警察に配属されたということで、社内が騒然となりました。

もちろん私は警察というか、ただの監査役になる気は毛頭なくて、チェックではなく、そこで設計のバックアップをしようと思いました。そこで開発チームが一番悩んでいることは何かを聞き出して、その問題を共に解決する、そういう部隊にしました。

しかしその後、私が開発の方に戻ったために、再びチェックが厳しくなりました。誰も欠陥車をつくろうなどと思っているわけではないのに、横からいろいろうるさく言われると、開発する喜びがなくなってしまいます。その意味では、今福原さんがおっしゃられた通りです。

福原　それからセゾングループについて言いますと、ネガティヴファクターをなくそうとしたのが失敗の原因だったと私は思っています。堤さんの思想は大変先進的で文化的でしたけれども、文化を経済化する過程に問題があったように思います。文化は文化だとしておけばよかったのに、全部売り物にしてしまいました。百貨店の業態の中に美術館も入れ、しかも美術館でやったことを、カタログにしたりビデオにしたり、多くをビジネスに変換してしまいました。

それでカルチャーもサブカルチャーも無くなって、結果としてカルチャーの質を落としてしまいました。それは堤さんが悪いということではなくて、周囲に、堤さんが考えていた「文化資本の経営」に近いことを、うまくシステム化できる人がいなかったのだと思います。自らカルチャーを消費する方向に向かったのですから、それでは早晩限界に達してしまいます。ですから、そういったことを踏まえて、何をどうするかということを考えましょう。

第4回ミーティング　文化資本創造企業（一九九五年十二月二十六日）

谷口　前回まで、資生堂の資質や文化資本を最大限に生かすとどのようなことができるか、また時代的、世界的に見て、これからどのようなことが可能かについてのミーティングを行ってきました。今回は全くアプローチを変えて、シンボリックアクション全体に通底すると思われるキーワードをご提示しますので、それをきっかけにして自由に話し合いたいと思います。というのは、当初私たちが想定したよりも、はるかに速いスピードで状況が変化しているように思いますし、福原さんたちの問題意識や課題解決の必要性も急務になっているように感じるからです。

具体的には例えば、資生堂は過去において、自らが目指そうとしていることと社会認識との間にある落差のようなもので事業を成立させてきたようなところがあると思います。ただ、日本の社会もそれなりに成熟してきたので、どうもこれからはそういう落差を新たに創り出さないといけない段階に入っているように思われます。ですから、レ・サロン・ド・パレロワイアルのように、外国に何かを創りそれを逆輸入するという方法もあるかもしれません。

それと、FAクラブ・プロジェクトなどを通じて見えてきたことですけれども、資生堂は長い歴史を持ち、優れた仕事をして成功してきたが故に、過去の拘束力が強いことがわかりました。それはもちろん、ポジティヴな企業遺伝子を持つということでもあるのですが、逆に新たなことにチャレンジしにくい体質でもあるというネガティヴな面を構造的に抱えているということでもあるでしょう。

以前カマラ・プロジェクトで、これから資生堂が向かい得る方向性について、三つの提案をさせていただきました。

一つは生活価値生産企業、一つは美意識生産企業、もう一つは文化生産システム生産企業です。シンボリックアクション・プロジェクトは、主に三番目をターゲットにしています。これまで資生堂がトライしてこなかったことで、資生堂を新たに発展させるような、何か大きな世界的な可能性を持つことはないだろうか、そういうプロジェクトモデルを創り出せないだろうか。つまり過去の資生堂の枠から脱皮し、新たな事業と運営システムを確立し、世界の文化と未来のマーケットを先取りするような事業を興すことはできないかということ、言葉を変えれば、これまで資生堂が開拓してきた美の概念を、新たにメタモルフォーシスさせて、事業フィールドをより広くより豊かにすることはできないだろうかということです。

より具体的には、その事業体は、一つには、物、金、人、そして組織（システム）の用い方が世界的に見て先進的であること。一つは何において先進的（未来的）かが明快であること。一つはそこで生み出す価値が先進的であること。一つはそれを稼働させる新たな実態を継続的に創り出すこと。一つは経済資本に代わる新たな文化資本概念とそれを創り出すシステムを持っていること。一つはそこで得た新たな資本を未来に再投資する思想とそのためのシステムを有すること。一つは総体として、個有の広い意味での商品が、あるいは営みそのものが魅力を持っていること。一つは稼働させていることが、世界的に見てシンボリックな牽引性を持っていること。

こうしたことをいろいろ考えました結果、結論から申し上げますと、そこにはメタモルフォーシスというキーワードがあるのではないか。つまり資生堂の遺伝子を受け継ぎつつも、資生堂の新たな事業体は、メタモルフォーシスにおいて、世界的に見て最も先進的でダイナミックであることを目指せば良いのではないか、という結論に達しました。

付け加えますと、メタモルフォーシスというのは、化粧という概念をより大きくした概念と捉えてもらえれば良いと思います。これから世界は本質的な変化を余儀なくされますから、そういう時代において、化粧を牽引してきた企業が、社会や人間をより美しく変化させる、そういうメタモルフォーシスを先進的に牽引するというのは、内部的にはもちろん、外部から見ても魅力的な、そして意味のあるテーマのように思いますし、それはもしかしたら資生堂の得意分野であると言えるかもしれません。また新たなモノの生産から、新たな言説や美意識の生産という経済フィールドに入って行くことでもあるでしょう。

桜井　私たちなりに、資生堂の長い歴史の中にある様々な記憶の中から、未来への光になりうるものを取り出してみたところ、現時点ではそれは、メタモルフォーシスなのではないかと思いました。

これは資生堂という、化粧を中心にやってきた企業の本質にも繋がっていますし、二一世紀の全人類的な願望とも繋がりますし、人間のみならず、街や都市などへの展開も可能なテーマです。

谷口　もしこれをモデル事業として成功させることができれば、街の化粧、つまり都市や街区の表情というのは表層の集合によって現れていますから、街を美しく変身させていくというような事業も射程に入ってくるでしょう。もちろん、個々人のメタモルフォーシス、美しい私への変身というのは、世界的にみて、これから最も重要なテーマの一つになっていくと思われます。

福原　私たちには一番できないことをキーワードに選んだところが面白いと思いますね。だからいけない、と言っているのではなく、ではどうしたら良いのか、ということです。

私から見ると、現在これを不可能にしている大きな拘束条件が二つあります。一つは先ほど言われたように、すでに遺伝子に組み込まれているということです。先輩たちはすでに退職されていますけれども、その部下、あるいは私もそうですが、息子として入ってきている人もいますから、体質的に埋め込まれているものがあります。つまりすでに埋め込まれている遺伝子をなくすというのは、資生堂が死ぬということになりますね。もちろん死んでもいいのです。会社というのは違ったフィールドで生きていってもいいのです。

もう一つは、その遺伝子を埋め込まれた資生堂という装置、あるいはシステムがロングセラーを続けてきているということです。これは自動車の世界でもそうで、この点をトヨタも経営的に悩んでいるのですが、販売店、つまりすでに構築したシステムの圧力があって変えられないのです。

例えば外車を売ろうとすれば、メンテナンスが大変だからダメです、と言われたりします。このままではやがて自滅するのが目に見えているのですけれども、できないのです。

現在私たちの商品を扱っているお店が日本では約二万五千店あります。何をしたとしても、例えばメタモルフォーシスによって新たな自己表現をしたとしても、それでお客さんの気持ちを捉えようとしても、そのお店を通さなければ伝わりません。でも全く新たな概念の商品やアピールを、二万五千のお店がすぐにできるとは思えません。ではそういうお店をみんなやめてしまえば良いのかというと、そんなことをしたら、業界そのものがめちゃめちゃになります。たとえば半分のお店が辞めてしまうことになれば、一気に数百億の在庫を引き受けることになって、一期分の利益が吹っ飛んでしまいます。場合によってはそういう覚悟もしなくてはいけません。

もちろん私たちもいろいろ考えてはいて、パリのレ・サロンは、まだ一軒しかないのに、ル・サロンではなく、複数形のレ・サロンにしているのは、これを創った人たちの頭の中に、最初から複数創っていくんだという考えがあったからです。ですから現在あるものは、レ・サロンのうちの一軒なのです。同じようなものをパリにもう一軒創っても良いし、あるいはデュッセフドルフや上海に創っても良いわけです。このようなコンセプトは重要だと思っています。

ただ資生堂本体としては、変化するにしても、ソフトランディングを目指せばインパクトがなく、インパクトを追求すれば衝撃的な事態が起きてしまうというジレンマがあります。ですからその辺の兼ね合いが非常に難しいですね。

桜井　シンボリックアクション・プロジェクトの本質的、時代的、社会的目的を表すキーワードとしてメタモルフォーシスという言葉をあげましたが、それは人間が持っている美的変身願望を叶えられる、広い意味での営みや空間や場所を創り出すという事です。

また将来的には、化粧品であれなんであれ、販売形態はグローバルに見ればネット通販が増える方に行くでしょう。そこで重要なのがシンボリックな場所です。それが強ければ強いほど、通販もやりやすくなるという事です。

その場合、それではローカルな場所というのはどうなっていくのかと考えますと、単なるお店というよりは、自分自身の変身の場所、そこにいけば自分の変身が体験できる場所というのが増えていくのではないかと思います。

現在的なお店は、売買ということがメインで成立していますけれども、それを変身という方向性を持ちそれを商品とするような場ができれば、それは何も都会でなくても、ローカルで十分成立するだろうと思います。

つまり先ほど福原社長がおっしゃられた二番目の課題、すでに構築したネットワークをどうするのか、ということに関しては、例えばチェーン店は、これまでは本社が創り出した商品を、リアルタイムで全国に行き渡らせるというシステムだったわけですけれども、そうではなくて、個々人が自らの内に抱く美的変身願望と呼応する営みを経済化するシステムであれば、さらには、変身といえば資生堂、という感じになれば、ローカルな場所が逆に新たな何かを本社に伝えるという役割が生まれ、それによって多様なローカルが別の形で生き残っていく可能性もあるのではないかと思います。

もちろん一番目の遺伝子の問題も、大変難しい課題です。ただ資生堂という企業体の中には、化粧というフィールドの中で、美的変身を追求してきたのですから、その根幹を保持したまま、より大きなフィールドへと飛躍することが可能なのではないかと思います。

調べてみると日本でナンバーワンの企業が、世界でもナンバーワンであるという例は意外と少ないのです。例えばトヨタは、ローカルな部分を大切にして支持されてきた結果、国内でナンバーワンになり得ましたけれども、そのことが、世界を相手にした時に逆に足を引っ張っています。

しかし資生堂の場合は、レ・サロンなど、すでにインターナショナルな新たな可能性を視野に入れているということを考えれば、遺伝子そのものもすでに変化しつつある、あるいはもしかしたら、突然変異を待っている状態にあると言えるかもしれません。もちろん社員の方々が、それに自覚的であるか、あるいは気づいているかどうか、ということはまた別の問題です。

明快なヴィジョンのもとに、個々の部門のレベルや現状や願望を分析して、そのありようが具体的に見えてくれれば、メタモルフォーシスは可能なような気がします。

福原　実は二つ問題があって、一つは、今朝財務戦略を検討したのですけれども、化粧品だけではなく薬品も扱っているユニリーバとか、ロレアルの成長率は我々よりもずっと高いです。それは主に、買収や設備投資など、海外への投資のリターンが大きいからです。そこが私たちとは根本的に違います。

もう一つは、私はイギリスに行くたびにユニリーバの会長にお会いしますし、向こうも日本に来るたびに私に会いにきてくれます。彼が言うには、ユニリーバはグローバルカンパニーだけれども、資生堂もP&Gもエスティローダもグローバルカンパニーではないと言うのです。

ユニリーバの本社はオランダとイギリスの二箇所ですが、どちらもホームマーケットはゼロに等しいそうです。つまりほとんどの売り上げが海外市場なのです。グローバルカンパニーというのはそういうことなのです。それに比べると、資生堂もP&Gもエスティローダもホームマーケットが八〇%くらいで、つまり意識を変えようとしても、ホームマーケットが現実的に大きいわけですから、いきなりホームマーケットを小さくして海外に進出する理由はありません。それで現実的にはなかなかグローバルカンパニーになれません。この二つの問題というのは、どうやって乗り越えられるかということに、グローバル化を考える時にどうしてもぶち当るのです。

桜井　最初の、ユニリーバとかロレアルは海外投資や企業買収を盛んにやっているので成長率が高いということですけれども、今はやっていないのにそれをやろうとすれば、当然のことながら、内部スタッフの体質や意識の飛躍的変化が必要になります。それには、まだ小さかった頃のマイクロソフトのように、まずは優秀なスタッフや、そういうことに長けた元気な企業を内部に取り込んで行くことが必要でしょうけれども、新たに入る人や吸収される企業というのが、取り込まれることを喜んでいなければ活力になりません。そうするにはどうすれば良いかということだと思いますけれども、その時に、内部に魅力的でシンボリックな何かがあれば、そういうこともやりやすいだろうと思います。

二番目についてですけれども、たとえグローバルな何かを展開しても、それで急にホームマーケットのシェアが下がるわけではありません。しかし、それに類した営みが、国内でもなんらかの形で展開されなければ、国内のお店の人たちは、どうも未来のために新しい展開をうちは海外で行なっているようだけれども、もしかしたらそのうち自分たちは切り捨てられるのではないだろうか、という不安を抱くことになります。

ですからこれには高度な経営テクニックが必要になります。基本的には、海外で評判になるような何かを創ったとして、それはなんなのか、なぜ評判なのか、それは国内の何を活性化させるのか、というようなことを共有する必要があると思いますし、それは可能だろうと思います。

福原　その意味では、未来のためのシンボル・パイロット事業とか、逆輸入モデルということは、考えてみれば、私たちがまさに現在やっていることで、それをもう少し大規模に、かつ目に見える形でやっていけば良いわけです。

フランスで高級フレグランス事業を手がける資生堂グループの子会社であるＢＰＩ（ボーテ・プレステージ・インターナショナル）やレ・サロンの成功は、少なくとも、我々もやればできる、という認識をトップ層には与えたのですが、地方で化粧品を売っている人には伝わっていないわけです。ですからその意味では、日本全体に影響を及ぼす逆輸入モデルを作れば良いということになりますね。

谷口　それと、世界的に見て活きの良い企業が、参加を熱望するようになると良いと思います。福原さんが以前、ベネトンから、何か一緒にやりましょう、というアプローチをずっとされているとおっしゃっていましたけれども、そういうことが何かのきっかけになるかもしれません。

ただ、ヨーロッパの企業はコンセプトを大事にします。つき詰めれば、そちらのコンセプトの方が優れているようであれば従う、というスタンスで、そうでないと逆に利用されてしまいます。その意味ではグローバル戦略においては、特にヨーロッパ相手の場合は、思想やコンセプトでイニシャティヴを取ることが大変重要になると思います。ベネトンとか、ヴァージングループが、あなたのところのコンセプトは面白いから、ぜひ一緒にやりましょう、と言うような、そして国内でも、どうも世界中の面白い企業が資生堂と一緒に何かやりたいと言っているらしいよ、ということが自然な形でインフォメーションされるようになると良いと思います。

福原　その芽はすでにあると思います。ベネトンやヴァージンから、何かするのであれば一緒にやりましょうと、すでに声をかけてもらっているわけですから。そういう会社は日本ではあまりないかもしれません。

谷口　それは福原さんの存在が非常に大きいと思います。グローバル化というのは、今いる社員に英会話を覚えさせて、それを一〇年、二〇年やったからといって達成できるものではないわけで、そういう意味では、すでにグローバル化を推し進めている面白い会社と何かをやるというのはとてもいいと思います。

福原　細かなところでは実は色々あって、自分のところのコンセプトでなければ駄目だ、というところもありますけれど、ヴァージンは、面白そうならやってみて、駄目だったらやめればいい、という点では非常にはっきりしていますね。

ベネトンはもっと早くアプローチしてもらっていたら、我々も刺激を受けて、良いものを創ったのではないかと思います。

それにBPIの場合は、いろんなデザイナーがアプローチしてきていて、こちらから頼みに行く必要がありません。そんなわけでBPIの社長は、申し入れがあった時、あなたのところは以前こんなことで失敗していますので一緒にはできません、と断っているくらいで、現在はバツイチじゃないところだけを集めている状況です。

桜井　日本で資生堂がつくってきた化粧品の精密さは相当なレベルだと思いますし、それこそが日本だということで、欧米の会社のレベルを考えても、それは相当な武器になるでしょう。アジアの化粧品はそれよりも低いかもしれません。そうしたばらつきが世界的にみてある中で、それを一気に丸ごと飛躍させるメタモルフォーシスを実現した場合は、ローカルなものがそこに集約されていくのではないかと思います。

振り返ってみて、二〇世紀においてメタモルフォーシス、変身ということを一番やってきたところはハリウッドです。ですからもしハリウッドが、その蓄積を生かして化粧の世界でグローバルなことをやります、と宣言したらかなりセンセーショナルなことになると思います。

ですから、二一世紀のメタモルフォーシスの新たなリーディングイメージを創ってしまえれば、何をするにしても、また化粧品の展開においても優位に立てるのではないかと思います。

それと、これからヴァーチャルな世界での変身が本格化します。コンピュータの中で犬を飼ったり馬を育てたり、いろんなことで、ヴァーチャルな場が変身願望を叶える場になっていくでしょうけれども、それでは、リアルな変身の方はどうするのか、という問題がこれから起きます。

谷口　変身を促進させるものは、突き詰めれば憧れだと思いますが、逆に妨げるものは何かと言えば、それは怖れだと思います。その時に前に踏み出す力となるものは、やはり身体的な記憶、それも自分の中の個性のようなものとつながっているような確かで自覚的な文脈を持った、あの時こうしたから乗り越えられた、というような記憶、ではないかと思うのです。

ただそれは、一般によく企業で言われるような、かつて我々はこういうことをして成功したから今がある。だから初心に帰ろうではないか、というような漠然としたものではなくて、方法論として対象化されていないと駄目だと思うのです。時代も社会も刻々と変わりますから。

福原　ですからそこではむしろ成功体験を外すことが必要ですね。アナロジックに言いますと、昔ある田舎で、みたこともない生物が発見されたそうです。あとでそれが粘菌だったということがわかったのですが、村の人がそれを水槽に入れて、東京の学者を呼んだのですが、先生が到着してみるといなくなっていました。多分逃げたんだろうということになったのですが、実は、粘菌というのは、細胞が通常は分散しているのですが、極度な乾燥状態になると、一つに集まって一体になるんだそうです。ですから企業においても、まずは成功体験を外して、条件を厳しくすれば、一人一人ではやっていけなくなり、一つに固まるということも、もしかしたらあるかもしれません。

　変身ということについて先ほどから言っておりますけれども、ただ変身といっても、商品を変える、資本の有り様を変える、社員を変える、組織形態を変える、とかいろいろあります。ただ資本の有りようを変えるというのは、もはや過去のものでしょうね。資本主義的な企業は、果たしてあと一〇年保つかどうかというところに来ていますから、やはり変身は組織体でしょうね。

　資本主義企業がなくなるというと極端ですけれども、それに近い考えを持っていないと、これからの変化に対応できないでしょうね。電子マネーが普及すれば、銀行の支店とその従業員はいらなくなります。その時、その銀行が私たちの株を持っていたとして、資金繰りが苦しくなって、お宅の株を引き取ってくださいと言ってくるかもしれませんが、言われた方もそんな余裕はないかもしれません。つまりそれは、資本主義的な企業が立ち行かなくなるということです。

　ですからこれは私がいつも言っていることですけれども、資本主義企業であろうと、非営利団体であろうと、組織というものを動かす原理は継続であって、非連続ではやっていけません。要するにどうなっても生きていけるように準備しておかないといけないのです。

谷口　これまで日本では、売り上げと利益、あるいは金融資本でナンバーワンを決めていたわけですけれども、将来もそうかと言えば、そうではないでしょう。たとえ金融資本はナンバーツー、スリーであっても、その営みに将来性があると判断されれば、そのことでナンバーワンと認識される時代が来るように思います。例えばアマゾンは決算が常態的に赤字ですけれども規模そのものは継続的に拡大を続けています。社会的な意味や価値やシステムを新たに創り出しているかどうかが判断の基準になれば、福原さんがおっしゃるように、金融資本はそれほど意味を持たなくなるかもしれません。

福原　金融資本や資産がナンバーワンで、しかも可能性があるとなれば誰も文句は言えません。

桜井　長い歴史があると、本当の意味で本気になれないところがあるでしょうね。しかし本気にならないと元気が出ないし、本当の元気がないと人気が出ません。資生堂は日本ナンバーワンの化粧品企業ですし、国際的な素地もありますが、はっきり言いますと、人気はやや落ちてきています。ですからもう一度、社員に本当の元気が出てきて、それが人気につながることが必要な時期に来ていると思います。ですから新しいフィールドに本気で取り組むことも必要なのではないでしょうか。

メタモルフォーシスという概念を出しましたのは、資生堂の歴史の中にとても光るものがある一方で、それとは別に、人々の心の中に今、二一世紀はどういう時代になるのだろう、人間には何が必要なのだろう、という問いがあると同時に、できることなら地球人として生きたい、もっと表現したい、創造したい、という気持ちがあるように思います。どうもそこに何か接点があるのではないか、ということでメタモルフォーシスというキーワードにたどり着きました。つまりメタモルフォーシス・ナンバーワンを目指せばいいのではないかと考えたわけです。

福原　メタモルフォーシス・ナンバーワンというイメージはいいと思いますね。どのみちこれから企業も社会も政治も大変身を余儀なくされますから、それを先駆けるという意味で。

そこで、確かに国内での人気は落ちてきているのですが、実は海外での人気は急上昇しています。だからこそメタモルフォーシス・ナンバーワンは可能ではないかと感じます。

それとつい最近、インターネットで「サイバーアイランドオブシセイドー」というホームページを始めたのですが、それが一〇〇〇ページあって、その時点でアクセス数でも世界一のホームページでした。もちろん大きければいいというものではありませんが、インターネットの世界では大変な話題になりました。その後トヨタが二五〇〇ページのホームページをつくって量的には抜かれてしまいました。ただ、人気は落ち目と言われているけれども、私は今が底ではないかと思っています。ニューマーケティングも登場して、ＣＭにも新しい表現が試みられていますから、上昇する要素はたくさんあります。

ただ確かに、ご指摘の逆輸入モデルに関しては、レ・サロンなど、小規模のものしかありませんから、これからはそのようなことにもっと取り組もうと思っています。そうすればクリエイティヴの連中も営業も現場も元気が出るでしょうから、一刻も早く取り組んだ方がいいかもしれませんね。

谷口　外から資生堂を見ますと、もちろん製品が良かったということがあるのでしょうが、銀座を拠点とした三箇所の場所のデザイン的連携やチェーン店などに見られるように、もともとシステムづくりとデザインにおいて卓抜したものがあって、それが資生堂を創り上げていったのではないかと見えます。ですから大衆はむしろ、資生堂がクリエイティビティにおいて飛躍したり、新たなシステムを展開することには違和感を感じず、むしろ資生堂らしいと感じるのではないかと思います。

清水　実は私は楽観的に今の状況を見ています。それと言いますのも、化粧品の売り上げのうち、海外は今一〇％ですけれども、それが二五％に達するようにすれば、根本的な変化を起こさざるを得なくなるからです。

ただ、一〇％の売り上げであっても、地域的には八〇カ国以上に進出していて、M&Aはあまりやっていませんけれども、進出先では事務系はすでに構築してあります。なかにはとてもいい材料というか、研究や販売や宣伝を含めて、可能性のある条件を数年前にいろいろ提示してもらったけれども、まだ何にも料理をしていない、展開をしていないままのところがたくさんあります。

ところがこれが遺伝子のなせることなのかどうか、これまで国内が順調でありすぎたため、あるいは自分一人が別の方向を向くわけにはいかないからか、国外の可能性を生かしてこれませんでした。ただここ数年国内が頭打ちになってきていますので、これは逆にいえば、海外比率を二五％にするチャンスかなと思っています。ここでソフトランディングをやってもしようがないので、これから海外にヒト・カネ・モノ・組織を投入して一気に二五％まで引き上げるべきではないかと思っています。

海外利益率が二五％になりますと、眠っていた遺伝子も外圧で目を覚まさざるを得なくなります。手をつける部分と手のつけ方は見えているわけですから、やる気がある程度膨らんできたらその方向に力を入れれば、本質は変わらないかもしれないけれども実態は大きく変わるだろうと思っています。その意味では私はむしろ楽観しています。先ほど社長が財務会議の話をしましたけれども、お金もあるんだし、使いましょう、という話をしている会社なのです。ですから強引にその方向に持って行こうと思っています。

福原　今までは国内が順調でしたから、こういう議論をするシチュエーションがなかったのです。今こうした議論を本格的にできるのは、このようなミーティングがあるお蔭ですし、環境がそうなってきたともいえますね。

谷口　資生堂が持っている文化的な資本の中で一番光っているものと、世界がいま見失ってしまって、人々がどこか希求しているような光とが、事業対象の中で重なり合ってきているような気がします。これはチャンスではないでしょうか。

しかも現在、大きな意味や論理の時代はソビエトとともに終わり、美と感性が変化をリードしていくそういう時代、というか、そうであって欲しい時代に入っていると思います。資生堂は歴史的に美を追求してきた会社なのですから、天の利、時の利といいますか、企業テーマと時代的社会テーマが、オーバーラップしているように私には映るのです。

福原　来年の年度計画に、いよいよ「第四の創業」という言葉が載ります。資生堂薬局の創業が第一の創業です。その頃は明治維新の大混乱の最中ですから、薬局は経済的な混乱期の中で、それなりの役割を果たし、また文化を創ってきました。

第二の創業は、大正から昭和にかけてのいわゆる一四年不況下です。この不況で化粧品業界が総倒れになる中で、チェーンストア制度のコンセプトを創り実行しました。ですから第二の創業も混乱期の中でした。

第三の創業は戦後です。これも大変な経済混乱期です。工場はなくなり物資もありません。そんな中で戦地から引き上げてきた人を全部受け入れたのは国鉄と資生堂だけでした。

そして第四の創業をしようとしている現在もまた経済的混乱期です。これはメタモルフォーシスの第一期になるでしょう。インターネットを含めた新しいマーケティングなどをこれから構築していきますけれども、その新しい装置を創る元年が来年ですから、ちょうど良いスタートです。ただ、メタモルフォーシスは、現段階では私たちの間のキーワードということにしましょう。

桜井　私の会社は個々人の変身に焦点を当てて、ここ七〜八年活動をしてきました。クリエイティヴサロンを設けたり、地球人としていきていくにはどうすればいいかというビデオをつくって四〇〇人の若い人たちに見てもらったり、先日も谷口さんの協力を得て、創造と表現というビデオを創りました。

そういう活動をするなかで見ていると、なかなか変わらない人もいます。これは男性に多いです。どうも意識を変えるとかライフスタイルを変えるといったことに敏感なのはどちらかといえば女性です。これは頭で情報を処理して理解するのではなく、直感的な理解が女性の方が強いのかもしれません。

でもこれからは、福原社長がおっしゃられたように、企業も価値観も社会も大きく変わらざるを得ませんから、自分にとって好ましいという方向、より美しいと思える方向へと変わる意思、あるいは直感力を持つ人が新たな時代を切り拓く力になるかもしれません。

創造と表現というビデオの中で、谷口さんが、今回のテーマのメタモルフォーシスということにつながる詩を朗読していて、とても印象的なので、読んでもらいましょう。

谷口　この詩の背景をちょっと説明しますと、何かが変わる時というのは、理詰めではなくて、感覚や感性をきっかけにした、非連続な飛躍のようなものによるのではないかと感じて、このような詩をつくりました。ヒラリ虫という詩です。

夢のようだ、と虫が言った。
こんなに天気がいいなんて。
そういったかと思うと、虫はヒラリと宙返りをし
そしてそのまま蝶々になってしまった。

どうやって蝶々になったのか?
天気がいいと、なぜ夢のようなのか?
それに第一、気持ちが良くて満足しているのなら
なぜわざわざ姿を変えたのか?

私は矢継ぎ早に質問をしてみたが
すでに蝶々になってしまっている虫には
蝶々になる前の記憶は
どうやらなくなっているらしい。

蝶々は何も言わずにただ楽しそうに
しばらくあたりを飛び回っていたが
そのうち一輪の花にとまり、そこで今度は

夢のようだ、こんなに花が綺麗だなんて、とつぶやき
ヒラリと花から飛び立ったかと思うと、その瞬間にはもう
蜜蜂になっていた。

蜜蜂は、ほんの少しの間、花の周りを飛び回っていたが
やがて一直線に野原の向こうへと、消えた。

取り残されたような気持ちになった私は
やはり取り残されたように咲いている花に向かって
知っているなら教えてほしい
どうしてあんなに軽やかに蝶にも蜂にもなれるのか?
と聞かずにはいられなかった。

すると花は
そんなことも知らないのかと
一瞬びっくりした表情で目をパチクリさせながら
天気が良かったからよ、私が綺麗だったからよ
だから風がこんなに爽やかだと感じた時には、と言い

一瞬風に揺らいだかと思うと
そこでたちまち綺麗な石に姿を変えた。
私は、かつては花だった石を手に取り
かつては蝶であり、その前は得体の知れない虫であった
蜂のことを思いながら
黙って黙って、家に向かった。

帰り道を帰りながら、私はもう一度、手にした石を見つめた。
石はどこまでも青い空のような不思議な、不思議な色をしていた。

なんて綺麗なんだろう。
そうつぶやいた時、私は風になっていた。

海藤　先日銀座のイルミネーションのイベントで、いろいろな人にお会いしました。すると、それぞれの人にとって銀座は大切な街なのですが、人によって時代感覚が違うのです。いつの時代の銀座のことを言っているのか、本人にはわかっているのですが、聴く方からするとよくわからないのです。しかも現在の銀座のことを誰もおっしゃらない。そういう意味ではスターと同じで、それぞ

れの人の中に、あの頃の誰、というイメージがあって、それがみんな違うのです。銀座という街は今も生きているわけですから、そのあたりを意識的に共有しないと、何をするにしても混乱してしまうと思うのです。

銀座は歴史的な街ですけれども、歴史のある企業にも同じことがあると思うのです。資生堂も歴史のある有名な会社ですから、社員はみんなその人なりのイメージを持っていらっしゃると思うのですが、それが果たしていつの何なのか。それと現在や未来とがどういう関係を持っているのか、ということがとても重要になってくると思いますね。

桜井　世界的なものを創れば、日本は雑多なところがあるのでイマイチわからないかもしれませんが、しかし欧米の人は、新しさを見抜くことに敏感ですから、見た瞬間にわかるだろうと思います。理屈ではなく、どこに向かっているかという方向性や、それを支えている意志に敏感ですから、新たなシンボリックアクションを起こした時、彼らに対しての訴求力は強いでしょうし、そうなれば、それが逆輸入の形で、日本にも影響を与えることになると思います。

福原　ＦＡクラブの流れと、シンボリックアクションの流れが一つに繋がって、メタモルフォーシスというキーワードになったということですね。これは当面は私たちの理解の中にあるとして、これからその内容を、多くの社員や世間にわかりやすく理解してもらうにはどういうことをして、どのような言葉に翻訳すればいいかという課題も、これから出てくるでしょうね。

この三年間、業績は低下しているのですけれども、ただ外部の人から、この間に人材がものすごく育ちましたね、と言われました。それは間違いないことだと私も思っています。だから蛹の時代は次第に終わって、孵化の時代を迎えつつあると言って良いでしょう。

それからデジタル化の限界は何か、あるいはそれが進展して行った時の問題についても話し合っていけたらと思っています。当社のメタモルフォーシスはまだゼロ段階にありますけれども、ただ先日のインターネットのホームページの開設によって起こった反応というのは、資生堂がこんなに早くこの世界に参入してくるとは思わなかった、ということです。しかもヒット数が他社に比べて圧倒的に多く、しかも女性のアクセスが四割で、これは一般的な割合の一〇倍です。ですからこれを使わない手はないわけですけれども、本質的な課題として、ヴァーチャルな場とリアルな場との関係の問題、そしてネガティヴなものとポジティヴなものの緊張感のあるバランスマネージメントなどもあります。

『Creative Sindbad』プロジェクトでも、リアルでアクチュアルな場として創る一方、ネットワーク上の『Go Kuu』のような場所に文化人のサロンを創り、今度はみんなで上海に集まりましょう、と呼びかけたりする方法もあると思います。

私は個人的に密かに、デジタル化が進めば進むほど人は群れたがる、という持論を持っていて、それを実証してみたいとも思います。群れたがるという言葉をあえて使いましたのは、普通の用事はヴァーチャルで済ませて、ピュアーなことに関しては直接会う、しかも二人ではなく、大勢で会いたくなるということが起きるだろうと思っているからです。

先ほどお話しした粘菌のように、必要に迫られれば一体化するということもあるでしょうから、シンボリックアクションの中で、面白い人たちが三日ほど、どこかに集まる機会を創ったりすれば、面白いことが起きるかもしれませんね。

第三章　東京銀座資生堂ビル建設プロジェクト

銀座八丁目の、「資生堂パーラービル」と呼ばれていた建築の建て替えに際し、シンボリックアクション・プロジェクトの一つの延長線上にあるものとして、シンボルビル（現在の東京銀座資生堂ビル）の建設プロジェクトの設計と施工監理業務が、株式会社資生堂ならびに株式会社資生堂シティから、文化科学高等研究院に発注されました。これを受けて福原義春会長、服部巌（資生堂シティ社長）をプロデューサーとする特別設計チームが編成されました。主なメンバーは、谷口江里也＝総合ディレクター＆ヴィジョン・アーキテクト。桜井淑敏＝協働ディレクター、海藤春樹＝協働ディレクター＆照明設計、リカルド・ボフィル＝マスターアーキテクト、ジャン・ピエール・カリニョー＝パートナーアーキテクト、今川憲英＝構造設計、井出祐昭＝音響システム設計、権現領真一＝ディテール設計、奥山裕＝家具設計、などでした。なお資生堂の企業文化誌『花椿』の編集長小俣千宣によるこのインタヴューは東京銀座資生堂ビル竣工後に行われ、一部が『花椿』二〇〇一年三月号に掲載されました。

『花椿』誌インタヴュー（二〇〇一年一月二十四日）

花椿　まず資生堂という会社に対してどのように思っておられるかをお話しいただけますか？

谷口　明治以降、日本にいろいろな会社が、戦後はもっとたくさんの会社ができたわけですけれども、その多くは商品を生産しそれを売って商売をしているわけです。資生堂も、基本的な商品は化粧品ですけれども、資生堂の場合は、単なる商品というよりは、それを取り巻くもの、その商品を支える人々が潜在的に持っている美に対する憧れのようなものに着目して、それ自体を事業のフィールドにしてきたというようなところがあって、それが一般の企業との違いかと思います。

人間というのは、美とか、外国とか、違う文化や生き方に対する憧れみたいなものを持っていると思うんですけれども、そういうものを事業のフィールドとしている面では、非常に珍しい企業、文化的な企業と言えるのではないかと思います。

ヨーロッパの企業には、割とそういうタイプのところもあるのですけれども、日本の企業の場合は、特に明治に文明開化して以降、外国の物を輸入したり、それを同じようにつくったりしてきたわけですが、資生堂の場合は、それを生みだした美意識であるとか、背景であるとか、さらに言えば、人間にとって美とか喜びとか、そういうものが持つ意味は何かということを射程に入れていたようなところがあるように思います。

ですから昔から、今も続くギャラリーをやられたり、食、あるいは食を取り巻くお洒落なパーラーのような空間、つまりデザインはもちろん美に関して人間を取り巻くトータルなものを自らの活動のフィールドとしてきたという点において非常に珍しい企業だと思います。

あと、資生堂はもともとお薬屋さんということもあるのかもしれないですけれども、健康ということを大切にしておられるように思われます。資生堂は、明治以降の日本の企業のなかで美というフィールドを事業基盤とする稀有な企業で、割と先進的な役割を果たす企業というイメージを持っているいると同時に、百数十年もの長い間、信頼を得ているというようなことは、薬品会社からスタートされたことからくるクオリティや信頼性のことなども大事にしてきたということがあるのではないかと思います。

ただ、これからの時代、二一世紀に入ったときに、多分豊かさの意味が変わっていくだろうと思います。物が充足すればよいというような時代ではとっくになくなっていて、より人間的な豊かさや深さや広がりや物語性、そういうものが求められていくだろうと思います。

その時、物の多さとか、それを生み出すエネルギーとか、そういうものは地球的に限界に来ていますから、二一世紀ではやはり美の問題、心の問題というのは、とても大事になると思います。

それはどういうことかと言いますと、資生堂がずっと忘れないようにしてきた、大切にしてきた事業フィールドというのが、これからもっと重要な事業フィールドになるだろうということです。ですから、ますますそれは大事にされた方がいいのではないかと思います。

けれどもそれは、二一世紀に入ったこれから、世界が一番大事なこととしてチャレンジングに取り組んでいかなきゃいけないフィールドになるので、今までのアドバンテージもあるだろうけれども、日々の価値観も美のありようも変わりますから、今まで長い間築き上げた歴史も大切ですけれども、美というのは必ず人々の豊かさを広げ高める方向に変わり続けていくものですから、そういうところを大切にして、積極的に新たな道を切り拓いて行ってくれるとうれしいな、というふうに思います。それが私の資生堂に対する期待です。

花椿　昨年完成した東京銀座資生堂ビルは、資生堂にとって、二〇世紀から二一世紀への橋渡しみたいな形をとるのではないかと思うのです。今、谷口さんがおっしゃったような、二〇世紀が充足を求める時代だったというところで、うちの会社も高度成長の波に乗って、いろいろなものを取り入れてきましたし、提供してきたこともあると思うのですけれども、それが二一世紀においてはもう一つ、空間、あるいは建築という形をとるかもしれないと感じました。

以前、谷口さんが何かの会議の中でお話しされていましたけれども、資生堂は空間というものに対する視点を、パーラーを創ったりギャラリーを創ったりとか、そういう視点を持っていたのだけれども、このところ資生堂の中でもそういうアプローチが欠けてきたのじゃないかということがあったのですが、そのことについてお話しいただけますか。

谷口　資生堂という会社は、もともとは都市とか空間の戦略を、意識的か無意識的かはわかりませんが、おそらくは感覚的に強く持っておられた会社だと思うんです。銀座というものを拠点にして三つの場所（竹川町店＝現在のザ・ギンザビル、出雲町店＝現在の東京銀座資生堂ビル、並木通り本社）を持っていて、それを同じ建築家がデザインして、そこで必ずしも化粧品じゃないことも同時に営むということにおいて、もともと非常に空間戦略を持っておられた会社だと思うんです。

けれども、事業規模がどんどん大きくなっていくに従って、当初想い描いた空間のスケールを実体が上まわってしまって、結果として、システムは出来上がっていったけれども、それを生みだした空間戦略のようなものが、次第に埋没して行ってしまったのではないかと考えています。

それと関係して、さっきのことにちょっと補足して言いますと、二一世紀には美とか健康とかというのが大事になると思いますけれども、そのときに大切なポイントとして、多様性ということが同時にすごく大切になってくるだろうと思うのです。

例えば、一つの業態で成功することは大事かもしれないけれども、それを成立させるさまざまなフィールドのことについても、同じレベルで視野に入れるような、そういう意識のようなもの、他社の良さとか外国の良さとか、そういうものもフレキシブルに取り入れていく力を持っているかどうか、これが非常に大きな分かれ目になると思います。

つまり自分だけ、自社だけの美意識ばかりを主張するというより、他社の良さや、自分とは異なる良さを認めたり、ということに対するフレキシビリティ、あるいは異質なものを取り込んでいくことを自らの活力とするような方法論というのが、二一世紀には求められていくと思います。

そのときには、自分たちが潜在的には目指していながらも具体的にはやっていかなかったことが、もし幾つかあったとしたら、それを積極的に戦略化していくということが非常に大切になります。

先ほどの空間戦略ということでいいますと、ギャラリーやパーラー以外にも、資生堂というのはチェインストアとかそういう独自のネットワークを構築していますけれども、ある意味ではそれも空間なのですね。もともとそういう視点や拠点を構築することもやってこられた。そういうことをもう一回、二一世紀に向けて再構築されたらどうでしょうかということを申し上げたわけです。

やはりこれから空間というのはとても大事になっていくのではないでしょうか。インターネットの時代では、情報そのものは非常に高速で、また広範囲に、ワン・ツー・ワンでつながるけれども、逆に、人と人との関係とか企業と企業との関係、企業と社会との関係、企業と街との関係、そういったものが、場所というものがとても重要になっていくのではないかと思います。どういうことかと言いますと、様々な場所で行われる営みと、その有機的な関係が大事になっていく。例えば、商品がマーケットのなかで売買されるとしても、資生堂なら資生堂が何を考えているかということが、なんとなく体でわかる、五感でわかるようなことが大切ではないかということです。

コマーシャルを通じてわかるとか、あるいは株価を通じてわかるということじゃなくて、そこの場所に行ったときに、あるいは資生堂というものをイメージした時に、資生堂が何を考えているのか、何を大切にしているのか、ということが理屈や頭だけではなくて、目から耳から、あるいは体全体で、この会社というのはこういうことを目指しているんだということが感じられるようになること、それが大切なんじゃないかなと思います。

そのためには、インターネットが情報としてダイレクトに商品と客とを結ぶというのとはまた違った意味で、クライアントのスピリッツと触れ合う、身体的に接する場所というものが、これからとても重要になってくると思うのです。

そういう意味では、今回の建築はものすごく大きな戦略性を担っていると思います。私は当初から、もともと建設プロジェクトに関わるときから、そういうふうに思っていたわけです。

つまり、資生堂が基本的に化粧品という、皮膚を覆うものをテーマにされているとしても、それ以上の、アール・ド・ヴィーヴル（美しい生き方）というような言葉で表したように、人間の心や体そのものを空間的に覆うもの、街であったり、建築であったり、衣装であったりもするかもしれませんけれども、トータルに人間と人間の気持ち、あるいはその関係を美しくするような仕掛けというか、そういうことを考えた場合に、やっぱり建築を含めた空間というのが、大きなチャレンジの場になるんじゃないかということです。そのような空間戦略を牽引するものとして東京銀座資生堂ビルがあると思います。

繰り返しになりますが、これからは多様な価値というものを、あるいは人間にとっての様々な生き易さ、気持ち良さを見つけていくような時代に入って行った時に、かつてのように東西に分かれてイデオロギーで対立して、その区分けのなかに収まってしまうような大雑把なことではなくて、非常に多様なものがそれぞれ、お互いのよさを見つけ合いながら、自分をより発露し、あるいはそれを取り込むことによって自らの生命力を高めていくような方法論というのが二一世紀に出てくる必要があると思います。

その時にあの建築のなかの、例えばサロンが多様性の一つの取り入れ口として、あるいはそこで得たことを世界に発信する出口として、そこから世界を見る、あるいは見られる窓のような役割を持つと良いと思います。あの建築はそういうことを大切にしていますし、それを快適に行ってもらいたいという気持ちで創ってありますから、そういう営みを持つことはとても大切だと思います。

花椿　発信するだけじゃなくて、ということですね。

谷口　様々な価値を受信・発信すること、新たな美意識や価値というのは、お互いのコミュニケーションから生まれますからね。だから、そういう営みを通してAの価値観とBの価値観とがコラボレートすることで、Cという新しい何かが、出会いがなければ気づけなかったような価値観を生み出していくというような可能性にチャレンジするというか、もちろんそうしても、いつでも必ず何かが生まれるとは限らないですけれども、もしかしたら対立を生むかもしれませんけれども、でも、それをさらに大きく豊かに取り込んでいくような、もう一つ上位の方法論を見つけるんだという意思で空間を運営するということはとても大きな意義のあることですし、単に資生堂とか、この建築単体の意味だけではなくて、もし新たな時代の新たな方法論、というレベルまで高められれば、それは社会に対してもとても重要なことだと思います。

花椿　今のお話は、谷口さんがおっしゃる、営みを覆うものということで、その空間に行くと、資生堂という会社を体感できるというような、そういう方向性の拠点になり得るということでしょうか。

谷口　資生堂が、あるいは資生堂が目指していくものがなんとなく伝われば、という意味ですけれど、それともう一つ、建築というのは単純に、例えば一つの会社がそれをつくったとしても、それだけのものではなくて、やっぱり時代と場所と建築を建てる人と、それを利用するであろう人たちが育てていくものですから、ましてや資生堂というのが銀座で生まれ育ってきたとすれば、そこから生み出されるものには大きな可能性があるということです。逆に言うと、そういうものを育めない建築は、歴史の中で愛されない。

そのことを福原さんは、私に対して、「谷口さん、こんど建設するビルは、今から五〇年経った時に、あの時代に銀座のあの場所に資生堂が、あのような建築を創ったことは本当に良かったね、と人様から言われるようなものを創ってください」と明解な言葉でおっしゃいました。それ以来、このプロジェクトの間ずっと私は心の中でこの福原さんの言葉との対話をし続けていたような気がします。

それを何とか実現すべく、この建築のコンセプトとして、私は非常に重要だと思われる四つの柱を立てました。一つは、建築主である資生堂とその意志、というか目指すものです。これは当然ながら非常に重要です。もう一つは銀座ということ。それはどういうことかといえば、歴史的な背景は当然ありますけれども、現実的には、新しい時代に入って、すべてのものが変化していく中で、銀座もある意味では変化の時期を迎えています。もっと具体的にいえば、トータルに建替えの時期に来ているのですね。老朽化ということもありますけれども、それよりも既存の街並み自体に、どちらかといえば、ある種未成熟な、擬似近代様式的なものが多いですから。

花椿　銀座の歴史の変わり目という。

谷口　大きな変わり目なんですね。二つの意味で変わり目。二一世紀という変わり目と同時に、銀座という都市のゾーンそのものが、あえて言うと、戦後のある時期に一斉に建てられたもので、それがある限界に来ているんですね。だから、いろいろ外装を変えたりするけれども、それでは済まなくなってきている。

それから三つ目に、そのとき豊かだと思われた空間が今ではそうでもなくなってきている。それは天井高であったり、窓の扱いであったり材料であったり、その時はとてもお金もかけて豊かに見えたかもしれないけれども、今はそうでもない。周りも豊かになってきた。ですから、四つ目の柱として、これからの時代において空間的に豊かなこと、リッチというのはどういうことなのかということを、やっぱりモデルとして提示する責任があのビルの建設においてはあったということです。

それが福原さんの言葉が意味するところですから。

つまり銀座という場所、資生堂という美を牽引してきた企業、それからやっぱり人々がこの時代に何を求めて、どこへ行こうとしているか、ということを考える必要がありました。ですからこれは、変化への一つのきっかけをつくるというプロジェクトでもあったわけです。

人間というのは、言われたら分かる、形にしてみせたら分かるということがありますから。今は漠然と期待しているのだけれどもまだ見えていないもの、形になっていないものは何かということを、一つの大きなテーマにしたわけです。

それから先ほどの四つの柱のことに戻りますと、あとの二つは時代と人々、ということです。それは特に価値観や美意識のことなんですけれども、今という時代はどこからどこへ進めば、少なくとも正しいと思えるのか。そのことも射程に入れて、まずはその四つのことが重なるところをコンセプチュアルな敷地として建築を建てようということです。

現実的な敷地の制限ももちろんありますけれども、それと同時に、想像的（イマージナティヴ）な敷地といいますか、未来を見据えた新たな価値を敷地にして建てよう、ということをまず肝に銘じたわけです。

設計やデザインもそれを満足させないといけないという暗黙の前提、課題がありました。これが非常に大きなテーマ上のプレッシャーですね。もう一つ、計画上のプレッシャーということでいうと、資生堂というのはある意味では矛盾した要素を抱え持っている会社です。それはたとえば、外国であれ化粧品であれ、新たなものを日本に取り込むなかで独自の何かを創ろうというチャレンジをしてきた会社だということです。

言い方を変えれば、新しいことに憧れつつも、記憶や過去を大事にしている。百何十年続いてきた会社ですから当然といえば当然ですけれども、でも過去や記憶を大事にするばかりでは前に進めませんから、未来も大切にしなくちゃいけない。つまり両方を成立させないといけない。なぜなら資生堂というのは、そういう会社ですから。

ですからあの建築も、下手をすると矛盾して虻蜂取らずになってしまうかもしれない要素、つまり過去と未来、記憶と憧れの両方を担いつつ、それを美しく融合させた、独自の美の様式を創り出すという使命を背負っておりました。

花椿　過去と未来の両方を抱合したものということですね。

谷口　そういうものをつくらなければいけないということです。これはある意味では贅沢ですけれども、でも人間というのは、突き詰めて考えてみると、たとえば安らぎを求めるかと思えばワクワクしたいとか、そういう二面性あるいは背反性を内に持っていますし、そういう人間を包み込むものである建築もまた、そういう意味で、身体的な安心感と、ある種の高揚感が入り混じって感じられるような、というより、人間の様々な営みを時を隔てて長いあいだ包み込む必要があります。建築にとってのクオリティというのは本来、そういうところにあるような気がします。

それから資生堂の場合は、やっぱり最先端でありたいと思うと同時に、さっきと同じことですけれども、過去や歴史も大事にしたいとか、矛盾したことをいろいろ抱え込んでいます。逆に言いますと、それだけ本質的で広いフィールドを射程に入れていますから、それを建築で実現するというのはどういうことかと考えますと、例えばいわゆる近代建築様式とか、そういう単純な様式だけで成立させるわけにはいかないということです。資生堂の願いというか遺伝子といいますか、ある意味では野望のようなものを、丸ごと呑み込んで創る必要がありました。

ですから外壁でも、近代建築では未だ用いられていないやり方を創造しました。近代建築の外壁は一般にガラスや金属パネルや石などが使われていますけれども、資生堂のビルでは、非常にクラシカルな職人の手の痕跡があるスタッコ（化粧西洋漆喰）のような風合いのある表情を持ちながらも、しかも長持ちするという、新たな建築的表現言語を発明する必要がありました。

それといいますのも、福原さんと資生堂が「サクセスフル・エイジング」ということを提唱していましたから、建築においても、美しく歳をとっていくようなものを創る必要がありました。

また近代建築のファサードは一般に階ごとの表現がワンパターンで繰り返されますけれども、そういうものではなくて、全体で一つの個性的な表情を持つような、あえていえば建築に、その建築だけの個有の姿を付与したいと思いましたから、窓とかパネルのプロポーションを、黄金律という高度にロジカルなものを用いて、それぞれ表情が違うけれども全体として調和がとれているようなものにしました。

さらに、銀座の街並みというのは、高さ制限があって、ある高さでそろっていたのですが、あの時に規制緩和がなされて、制限高度がより高くなることになって、あの建築が時期的に、その法規の適用の第一号ビルということになりました。つまり出来上がった時、あの建築だけが頭が一つ、ほかよりも高くなります。ですから、他のビルに圧迫感を与えてしまうかもしれないという危惧がありました。そこであの建築を実際に見ていただくとわかるのですが、以前の高さ制限の高さより上は、大きなガラス面を配しています。またダブルスキンのガラスの壁にしていますから、下から見上げた時には、ガラス面に空などが映ります。つまり透明感というか、存在感を軽くする工夫をしています。

そういうことも含めて、資生堂の新しい営みをリードする一つのきっかけであると同時に、銀座の変化と、銀座が持っていいと思われる豊かさを実現する一つのモデルにするという役割を担ってもいました。

その時に、今だから敢えて言いますけれども、ちょっと細かなことになりますが、最初に提示された規制緩和の条件というのは、私たちから見ると、非常に厳しい条件というか、リーズナブルな条件ではありませんでした。規制緩和とはいうけれども、確かに容積率は八〇〇%から一一〇〇%に緩和される、つまり今まで八階建までしかできなかったけれども、これからは一一階建の建築ができるということです。それだけを見れば、床面積が増えるんだからいいじゃないか、ということになりますけれども、しかし高さがそれほど増やされていませんでした。

それに敷地に面する道路からかなり壁面後退をしなければいけないとか、以前の高さ制限のところから上の階に関してはさらにセットバックしなくてはいけないとか、駐車場設置義務とか、いろんな条件があって、いろいろ検討してみると、銀座八丁の既存のビルの中で、その条件を受け入れて建て替えた場合、建て替えるメリットがあると考えられるものはせいぜい二割もないということがわかりました。

そうなると、銀座はただでさえ建て替えの時期を迎えているのに、三〇年経っても五〇年経っても、下手をすると銀座では、誰もビルを建て替えないままになって、老朽化して銀座は寂れてしまいます。ルールというのはそういうものです。未来を規定してしまうのです。

ですから、何しろ規制緩和の適用第一号ビルなのですから責任重大です。そんな条件を受け入れるわけにはいかないという申し立てをしました。何しろ、その条件ですとたとえば、それまでの条件で建てられた建築より、階高が、つまり天井高が低い建築しかできなくなってしまうという現実が生じてしまいます。

銀座通りというのは通りに面した一階とかはそれなりに贅沢につくっていますけれども、その分上層階にしわ寄せがいって、土地一升金一升の場所なのに、高層階があまり有効に利用されていないという現実があったのですが、さらに天井を低くしなければいけなくなれば、全体的に空間の豊かさが減少してしまいます。

一、二階を豪華にすれば、なおさら上層階にしわ寄せが行きます。しかも銀座のビルの敷地はみんな小さいですから、そこに駐車場設置義務をつければ、大切な一階と地下の部分の多くが使えなくなってしまいます。

端的に言いますと提示された条件というのは、小さな敷地を合体させて大きな敷地にして大きな建築が並ぶ街にしましょうという方向性にあるものでした。しかしそれでは銀座らしさがなくなりますし、街もどこにでもあるようなものになってしまいます。

それより何より、建て替えができなくて銀座全体が老朽化して、街自体の価値もイメージも下がりますよ、ということで、設計チームとしては強硬に反対しました。これには福原さんも、そんな理不尽な条件をつけるのであれば、「うちはビルを建てずにあの敷地をお花畑にします。どうしてそうなったかも機会あるごとに言います。もし建てても、壁面後退を余儀なくされた部分の固定資産税は中央区が支払ってくれるのでしょうね」と、役所に異議申し立てをするよ、と全面的に味方をしてくださいました。チームはチームで、銀座の未来を考えると、こういう条件にする必要がありますと、自分たちで考えた条件とそれに準じた建築を一つのモデルとして設計しました。

細かなことは省きますけれども、結局一年くらいかかって、最終的には行政も理解を示してくれて、結果的に、私たちが創ったモデルが、銀座地区の建築基準として採用されました。ですから、これから多くの建築が建設されるでしょうけれども、みんなその基準で建てられます。資生堂の皆さんは、そのことをもっと誇りにしていいと思います。安易な道を歩まずに、銀座の未来を考えてより豊かな建築ができる条件を自らが創り出したのですから。

あの建築のモデル性というのは、それだけではなくて、実は低層部、中層部、上層部を、三つのゾーンに分けるという都市計画的なモデル提案をしています。つまり銀座は日本を代表する商業地区ですし、幅の広い歩道もありますから、これから新たに建築をつくる際には、低層階は、銀座通りをより豊かにすることを目指しましょう。中層階には、銀座は歴史のある街ですから、それぞれの店などがそれぞれの歴史や記憶を大切にする空間を配しましょう。そして上層階では、新たな時代に向けてそれぞれが新たなチャレンジをしましょう、という考えを空間配置に反映させました。

つまり、新たなビルがそれぞれ、銀座のJOY（楽しさ、喜び）、それぞれのMEMORY（記憶、伝統）、そしてDREAM（夢、チャレンジ）を実現いたしましょうという提案を体現しています。

花椿　うちの会社にとってだけじゃなくて銀座地区のモデルとして。

谷口　そうです、銀座の未来の豊かさに寄与するということが福原さんの要望ですから。全体の表現スタイルにしても、どこにでもあるような近代のインターナショナルスタイルではないもの、建築にとっての新たな時代に向けての新たなモデル。つまり資生堂というあの建築の建て主である会社の歴史や思想を重視しつつ、そこにグローバルレベルのクオリティや銀座地区にとっての先進性、さらには独自の個性を美しく盛り込む必要がありました。

どうしてかと言いますと、これは福原さんも常々おっしゃっていたことですけれども、これから大切なのは、グローバルであると同時にローカルであること、それを融合させて初めて、これからの時代を牽引し生き延びる力を持つことができると考えたからです。それがこれからの会社や地域や建築のありようの、有効なモデルとなりうると思います。

花椿　それは具体的にはどういったところに現れているのでしょうか。特徴的な部分といいますか。

谷口　特徴的なことを申し上げれば、先ほど言いましたように、外壁の素材や表現ですとか、有機的な全体のプロポーションなどがあります。また、いわゆる近代建築のように、工業製品的な材料や構造や設備を誇示するということをしていません。仕上げを含めた外壁の工法も、一見伝統的に見えますけれども、実は極めてハイテク、といいますか、ハイテクと人間の手技を融合させています。アクセントとしての金目地が綺麗に見えると思いますけれども、あれも相当な技術で実現しています。それと、内部も外部も細部に至るまでオリジナルです。

内部においては、冷暖房にせよ照明にせよサウンドにせよ構造にせよ、最先端のテクノロジーを駆使しているのですけれども、それらは基本的にみんな壁の中に潜ませて目立たないようにしてあります。つまり生命体としてのあの建築の臓器を見せていないということです。

近代においては、進化していったいろいろなテクロノジーがありますが、そういうものを誇示するのではなく、これからはそれを統合して、成熟した表現として用いるという時代が来るだろうということを、最初にボフィルさんとも話し合いました。

花椿　つまり、類例のない建築ということですね。

谷口　それを目指したということです。一見トラディショナルに見えるかもしれませんけれども、でも唯一無二の美の結晶のような、建築の方法論としては割と大きなテーマをある程度は何気なく実現していると思います。客観的に視れば時代を画するものとなっているだろうと思いますし、そうする必要がありました。

全体の方法論もそうですけれども、細かいところでいえば、たとえば音響としては、あの建築は全体を楽器に見立てていて、階ごとに、その使用目的に合わせて音の質や広がりを変えています。それと、一階と一一階には、実は立体的な音場を創り出すシステムを埋め込んであって、背景としての音ではなく、自然の中にいるような立体的な音環境を創り出せるようになっています。ですから、季節ごとに鳥が鳴きながら飛んだり、せせらぎの音が足元を流れたり、というようなこともできますし、建築空間と音楽家が共演するとか、やろうと思えば実に面白いことができるようになっています。

花椿　全体的に、コンセプトもそうですけれども、物理的な建築のつくり方にしても、非常にオリジナルで、チャレンジングだということですね。

谷口　何しろ、そういうプロジェクトなのですから。それというのも福原さんから指名されて、特別設計&建設チームの総合ディレクションを任されて、チーム編成も私がして良いと言われたわけですから、その期待に応えるには、あらゆる意味で世界で最も優れた人たちと、この建築の目的と意義にふさわしい最も先進的、かつ豊かな方法で、建築を実現させる必要がありました。

何しろ、福原さんのあの建築に関する要望というのは、先ほど言いましたようなことですから、常にそれを肝に銘じるほかありませんし、それを実現するには、特別なチームと方法やデザインを編み出す必要がありました。

ただそういうことを、つまりチャレンジングであったりすることを、さりげなくやる。つまり使う人がそのようなことをそんなに意識しないということも大切でした。頑張っているんだ、ということが見えちゃうとカッコ悪いですからね。

それは見る人使う人にとってはどうでもいいことで、何と無く感じられればいい、違和感がなくて気持ちよければいい、でもふと誰かが気づいたりする、というようなことがいいなということが、マスターアーキテクトのリカルド・ボフィルやパートナーアーキテクトのジャン・ピエール・カリニョーと私たちの間の共通語としてありました。またそれは福原さんご自身の美意識や人間性とも共通する要素だと思います。

あの場所に行くと、もしかしたらすてきな人、すてきな時間、あるいは何かに出会えるかもしれないという予感を感じるような空間にしたい。行ってみたら気持ちがいいな、どうしてかな、何と無く少し気分が広がったような気がする、というようなことを実現したいと思いました。

ですから、設計チームに対してのマスターヴィジョンとして、人間になりたい天使と、天使になりたい人とが出会う場所を創る、それを一個の宝石のような建築として創るという、ややポエティックな旗印をつくりました。美や化粧というのも、そういう感覚の中で成立しているものだと思うからです。ボフィルさんとジャン・ピエール・カリニョーさんはそのことを実に的確に理解してくれたと思います。

花椿　いまお話しいただいたなかに、音というのが一つのテーマになっているということがありましたが。

谷口　都市の建築というのは今、季節とかその移り変わりとか、あるいは路や街との関係とか、そういうものから多くが切り離されてつくられています。季節感とか、自然感とか時代感とか、そういうものがどちらかというと建築を通して感じにくい状況があります。建築というのは、建ててから何十年も在り続けるものですから、日々変化する季節や、緩やかに変化していく時代の価値観や時間や街と一緒に歩まなければいけません。資生堂の価値観も変わっていくかもしれません。人々の美意識のようなものも変化していくでしょう。

でも建築は、その変化を包み込み続けなければなりません。あるいは新たな美意識や価値観や建築のありようを未来に向けて牽引するものでなければいけません。また同時に、いま都市の建築の多くが自然や街と切り離されていますけれども、でも本来は、自然とともに街とともに自らの個性を発揮しながら在り続けるものであるべきです。

その時に、たとえば銀座の建築の窓の多くは単なる飾りのようなものです。銀座通りに面していても、窓としての役割をほとんど果たしていません。ですからあの建築では、すべての窓に窓としての働きをもたせました。パーラーやカフェの窓からは銀座通りが眺められます。一一階には天窓があって、しかも開けられるようになっていますから、外の風と触れ合うこともできます。つまり外と繋がっています。

でも銀座というのは、あまり季節感を感じさせない場所です。春になったなとか、ちょっと時代の空気が明るくなってきたかなとか、暗くなってきたなとか、そういうことを感じさせようとする場合、資生堂というのは長い歴史の中で、デザインやコマーシャルやギャラリーやショーウインドウなどを通してそういうことを敏感に感じ取り、それを発信してきたわけですから、そういうことを建築を通してやろうとすると、その時、建築そのものは変わりませんから、実は音というのが大変に効果的です。

田舎であれば田んぼでカエルが大合唱をしているとか、セミが鳴いていて夏だなとか、コオロギが鳴き始めたぞとか、いろいろな気配がありますし、季節感というのは日本の文化の非常に大切なもののはずですが、都会のビルの中というのは、基本的にそういうものから隔てられています。ですから、そういうことをさりげなく感じさせることはできないかと思って、たとえば一階では、非常に自在性のある立体音響装置を何気なく設置してあります。いまは音楽的な時報を流していますが、もしやろうと思えば、たとえばビルの片隅でキリギリスが鳴いたりそれが移動したり、鳥が場所を変えてさえずったり、そんな音、あるいは言葉があちらこちらから聞こえたり、といったことが、音的にできるようにしてあります。是非有効に使っていただきたいと思います。

できれば何気なく、あら、こんなところにこんな音が鳴っているんだ、とふと気づくような、それが季節感とかを伴っているような、そのときふっと違う空間に行った感覚を持つような、あるいは一一階などはもっとダイナミックに世界と繋がっている感じとか、そういうおしゃれな使い方をしてもらえればと思います。

近代建築では、音と光というのは、とても重要な要素のはずなのに、実はあまりちゃんと考えられてきませんでした。光も明るければいいという感じが多いですし、全体的にフラットな感じの照明が多いです。

音に関してはさらにひどくて、クオリティも低いですけれども、バックグラウンドミュージック的な、邪魔でしかないような音の使われ方がされています。それをもっと空間的にというか、建築空間それ自体の音場としてさりげなく使うということを考えました。音も光も重要なメディアですから、それを真剣に建築が考えないのはおかしいな、と思ったわけです。

要するに、さきほどの、福原さんに最初に言われたこととか、福原さんが想い描かれておられる経済と文化の両立とか、そういういろいろな想いやテーマを建築において実現しようとすれば、通常のやり方を超えるしかありませんでした。

普通の建築プロジェクトのように、クライアントがいて、建築家がいて、ゼネコンに頼んで、というようなやり方では、福原さんから頼まれたことは実現できません。そういうわけで、このプロジェクトの場合、建築創造というのは本来、何を見据えてどのように進めるべきなのかというところまで掘り下げて考えざるを得ませんでした。

最初に申し上げましたように、建築というものは本来、現実の敷地というものがありますけれども、それに加えて、建築主、時代と人間、建築を取り巻いている場所、広い意味での目的、これらが重なり合ったところで考えられるべきだという結論に達しました。ですからこれまでやってきたプロジェクトの成果はもちろんですけれども、さらに最初に、福原さんはじめ、トップの方々にインタヴューをして、資生堂の歴史などもさらに勉強して、資生堂が大切にしてきたこと、これから大切にしようとしていることは何かということを、私なりに解釈した上で、それに最大限の可能性を埋め込むことを目指しました。

そして、まずはビジョンをつくり、それを実現するためのコンセプトをつくり、それを音に関しても光に関しても、もちろん構造や空間に関しても、それを理解して一丸となって実現する、そういうチームを組む必要がありました。

ですから単にギャラリーが入ります、パーラーが入りますということではなくて、そういういわゆる通常の設計与件から始まるのではなくて、それ以前の、与件そのものを一緒に考え、それをテーマ化するという作業をしました。

つまり、普通の設計の前に四段階ぐらいのプロセスがあります。どうしてそんなことをしたかと言いますと、繰り返しになりますが、要求された目的やレベルや射程が、あまりにも大きく高く遠く広くかつ失敗が許されなかったからです。

花椿　そういう意味では谷口さんたちが、資生堂と関わってきたいろいろな仕事、カマラプロジェクトや、ＦボードやＦＡクラブなどといった、そういう仕事が全部連関していたということですね。

谷口　そうです、それらを可能な限り集約する必要がありました。

花椿　そこで改めてお聞きしたいのですけれども、そういうことを通して、振り返ってみて、谷口さんが資生堂の文化をどうとらえたのか。これからの資生堂は何を生かしていけばいいのか、ということに関しては、どう思われますか?

谷口　繰り返しになりますので簡単に申し上げますが、資生堂というのは商品そのものというよりは、商品を支える憧れというフィールドそのものをつくろうとした稀有で文化的な会社です。これが私の資生堂についての大前提です。

ただ、いろいろなプロジェクトをデザインしてご一緒にやってきましたのは、それを前提にした上で、これからどのような可能性があるか、あるいは、これからの時代において、人々の憧れというものはどうなっていくのか、どのようなものであり得るのか、戦後の憧れと明治時代の憧れと今の憧れは全然違うはずですから、そういう新たな時代の憧れや美を牽引してこその資生堂、そのことビジネスとの両輪を見事に駆動させてきた先進的で文化的な世界企業、そこに可能性があると思いました。

つまり、これは福原さんが常々おっしゃっておられることですけれども、受け継いでいくものはあるし伝えるものは伝えるけれども、それだけではなくて、これからどのようなことがありうるのか、それに私たちはどう寄与しうるのか、今もこれからも、もしそういう作業を積極的にやらずに怠ったとしたら、その生命体は死んでいく。ですから大切なのは日々の積み重ねですし、そのための努力も、そのための仕組みも必要でしょう、ということです。

企業というのはともすれば内部を見がちですけれども、そればかりではなくて外を見るということ、企業ですからお客さんが大切だとして、それには過去がこうだったからということだけではなくて、これからの時代に世界のお客さんが何を求めているか、何も求めてもらいたいか、ということに敏感であろうとすれば、自ずと外に目を向けなきゃいけない。

そういうことを組織の中に内在化させることができるか、私が言うのはおこがましいですけれども、福原さんはいつも、そういうことを考え、そして最大限に努力されておられると感じています。さらに、そこに向かうきっかけのようなものも積極的に創り出そうとされていると思います。この建築もその延長線上にあると思います。

この建築プロジェクトの前に実は、シンボリックアクション、というプロジェクトがありました。つまり、企業というのは、日常の営みというのがやっぱり大事ですから、通常の業務から外れたことに関しては、ついつい明日やろう、来年やろうとなりがちですけれども、企業の体質とか組織とか目的とか、何かを本当に変えようと思った時には、トータルに変えるんだという意思を内外に表明するには、そのことをプロジェクト化するしかないだろうと思うんです。福原さんはそのことを常に覚悟されておられた。

この建築プロジェクトは建築設計以前の段階で長い時間がかかりましたけれども、福原さんにとっては、建築を建てること自体が目的というより、そのプロセスも含めて、シンボリックなアクションプロジェクトであると考えておられたと思います。資生堂が未来に向かって、あるいは世界に向かって何かをする、その想いをこの建築に込めるんだ、これは商品ではないけれども、だからこそこのプロジェクトを、資生堂を変化させていく一つのアクションにする、と考えておられたと思います。

それと同時に、さてこれからだ、と考えておられるとも思います。ですから私も、最初にCMC（コンストラクション・マネージメント・キャビネット）というのを創って、福原さんを筆頭とする資生堂の経営陣の方々とチームとの、協働協議の場を設けて、そこで物事を決定するようにしました。

花椿　そういうことは他の企業では難しかったと思われますか？

谷口　それは全くそう思います。福原さんと資生堂と一緒にやったからこそ、なんとかここまで来れたということでしょう。逆に言いますと、そのためにも、とことん高いターゲットを設定しないと、ここまでも来れなかったということでしょう。

それだけ福原さんの、資生堂や文化や銀座やその変化についての思いが強かったということでしょう。ですから建築的なことでも、あらゆることがアウト・オブ・ルール、アウト・オブ・スタンダードです。プロセスでもチームでも空間構成でも外壁でもディテールでも、ことごとく常識を超えたところでやっています。

空間構成やプロポーションでも、普通は階高というのはみんなほぼ同じにつくりますけれども、この建築では、用途に合わせてみんな違えて創っています。そのことと、外から見た建築の見え方が矛盾をきたさないように、というか、むしろそれを利用する形で、これはボフィルさんやカリニョーさんが得意なところですけれども、それを美しく融合させるために、ダブルスケールや黄金律を駆使して、全体を調和させせています。これは一般の建設の常識にも教科書にもないことです。

もちろんゼネコンはリスクを負うことはしたがりません。常に既存の工法、既存の製品を用いたがりますから、これは実は結構大変な労力を要します。手間も時間もお金もかかる。普通なら五〇円で出来ると思っていたけれども、それじゃあ一〇〇円もらわないとできないといった極めて現実的な問題も出てきます。

でも、君たちはいいものをつくるということで特命を受けたんじゃないですか、一緒に力を合わせてつくろうと言ったじゃないですか、とか、いろいろとゼネコンを説得したりなだめたりすかしたり工夫したりとか、ということの繰り返しです。アウト・オブ・スタンダードなものを創るというのは現実的にはそういうことです。

外壁に綺麗なゴールドの目地が入っていますけれども、見た目は綺麗ですけれども、あれを実現するのは大変です。通常は絶対できないようなことを、ものすごい工夫に工夫を重ねて極めて精度の高いものを組み合わせて最終的には手作業ではめ込んでいます。そのことを話すと、それだけでも一時間以上かかってしまいます。

ただ問題なのは、日本にはとても優秀な職人がいたのですけれども、規格製品、早期工法、大量生産のシステムが進行した結果として、職人も職人的な技の向上もどんどんやりにくくなってきて、特にバブル以降は壊滅状態になってしまっています。これからますますいなくなるでしょう。ですから、あと数年遅かったら今のクオリティは実現できなかったかもしれません。

それも最良のものを創って欲しいという、福原さんと資生堂の決意と熱意と覚悟があって初めて成し得たことです。心配なのは、このままだと、日本の得意技だった職人芸が失われてしまうかもしれないということです。

花椿　谷口さんが、もういいやと諦めなかったことは、うちの会社にとってすごくありがたいことだと思うんですけれども。

谷口　でも、難しいこととかアウト・オブ・スタンダードをやろうとすると、どうしても大変ですし高くつきます、初めてのやり方ですからゼネコンも保証できません。そんなことをしていたら工期が間に合いません、とか言われれば、普通の施主はビビりますよね。その点、資生堂は見事でした。それに最終的には清水建設も大変に頑張ってくれました。内部のスタッコ壁も何度もやり直してもらっています。一所懸命やってくれたのに、微妙な違いを指摘して、ダメです、やり直してくださいというのは、もちろん言いにくいことですけれども、全てにおいてやはり後悔したくないといいますか、突き詰めればやはり、信頼して任せてくれた福原さんや資生堂をがっかりさせたくないということがあったから、なんとかやれたのでしょう。

ボフィルさんも、この建築は自分が手がけたものとしては最も小さな部類の建築だけれども、テーマが最も大きいので極めてチャレンジングで、結果的には自分が最も気に入っている建築になったと言ってくれました。

花椿 それだけのものを要求して、それに応えよう、と思わせるものが、うちの会社にあったということでしょうか。

谷口 そうだと思います、そうでなければできません。大切なことは、美をフィールドにしている会社というのは、きわめて少ないということです。資生堂はそれをずっと追求してこられた。そのことを福原さんとのお付き合いのなかで、さらにその先を見るという姿勢に強く感化されたということがあります。

それと私自身の中にも、これからは美の時代だと、あるいはそうならないといけないと私が感じていたことと、福原さんのシンボリックアクションとしての建築ということが重なったということもあるでしょう。

花椿　そういえば以前、私が国立西洋美術館の高階秀爾館長に、資生堂というのはどういう会社だと思われますかというお話を聞いたときに、美はメッセージであるということをいち早く気づいていた会社ではないかと言われたことがありました。

谷口　その通りだと思います。それとやっぱり、メッセージというのは、わかりやすく言えば、ボーダーラインを自らが創り示すことだと思います。これより下では満足できない、リッチとはいえない、というボーダーラインをつくって、それ以下のレベルのものを色褪せさせてしまう。それが美というものが持つ大きな力だと思いますし、美をフィールドとする企業の役割なのではないかと思います。

食べ物でも、おいしいものを食べたら、まずいものはすぐわかっちゃう。それをつくるということが、美や文化とかかわる事業にとっての大きな役割であって、それ自体が、今と未来に向けたメッセージなんだということを福原さんは根底に持っておられて、それをさらに進めようとされているということに、大きなメッセージ性があります。ロオジエなども、料理の質はもちろん、場所やサービスを含めた最高級の食というものを提示していて、それ自体がすでにメッセージです。それを建築でやってみようというのが、今回の建設プロジェクトだったと思います。

それと、これは小さなことですけれども、あの建築には一切看板がありません。看板で目立とうというのはちょっとお洒落じゃないですよね、そういう時代ではもうないですよねという、それもまた銀座通りにとっては一つのメッセージになるでしょう。看板なんかなくても、この建築自体が何かを言っているでしょう、ということです。

花椿　ある飛び抜けた、普通よりはるかに高いボーダーラインを自分たちで設定したということですね。

谷口　そうしてくださいね、と言われたということです。もう一つ、あえて付け加えますと、いわゆるマーケティングの時代は終わったと私は思っています。大量にマスコミュニケーションで宣伝を打っても、若い人は余り信じなくなってきているのではないでしょうか。逆に、本気かどうかということに対して大変敏感になっているように思います。そのときに建築空間というものが果たし得る役割はとても大きいです。個々人と企業との間に信頼関係があるかどうか。個人的には、そういうふうに社会が成熟していって欲しいと思っています。

そうなると当然、広告とか宣伝とかの概念が、大きく変わっていかざるを得ません。資生堂は何をどう伝えるかというときに、例えば商品広告を一〇打って得られるものが三つありました、というのではないような方法が、これから大切になってくるような気がします。

何かを欲しい人は自分で探す時代にもう既に入っているとして、何をどう探すのかと考えたときに、メッセージ性のないものは不利です。それと、行けばわかる、見ればわかるというものを持ったところは強いです。建築が重要というのはそういう意味です。ですからこの建築も積極的に役立てもらいたいと思います。

かっこいいと思えることをどう行うか、そのような営みをどのような場所で行うか。たとえば八階と九階に、ひとつながりの文化的なスペースがありますけれども、なぜ銀座みたいな地価の高いところで資生堂がこんなことを、と驚かれるようなことを行なって、それを世界に向けて発信すれば、ものすごくカッコいいと思います。

その場合、スペースの大きさはこれからはそれほど問題にはなりません。大切なのは内容と方法です。端的に言いますと、どれだけ伝説をつくれるか、その場所をどこまで伝説的な場所にできるか、ということが肝心です。営みがカッコよければ伝説は創れますから、是非頑張っていただきたいと思います。

フランスのLVMHグループの会長があの建築を見てショックを受けて、ようちも何かシンボリックなものをパリに創ろうと言ったり、エルメスのビルを設計したレンゾ・ピアノが東京資生堂銀座ビルを見て、外壁のつくりかたを教えて欲しいと言ってきたり、ビョークが記者会見の場所に指定したり、ベネトンのルチアーノ会長を案内したら、興奮して写真を撮りまくったりとか、目の肥えた人たちが面白がっていたりするのですから、うまく利用していただければと思います。

花椿　確かに空間というのは力がありますね、説明するより何より、一目見て納得させてしまうところがありますからね。ただそういう力というのは、それをつくる背景に相当な決意と本気の作業があるんだということが今の話でわかりますね。どれだけの志と確信を持ってプロジェクトをやるかというのは、資生堂の内部でも長い間、問われてきたことだと思います。

谷口　どんな部署でもそうだと思うんですけれども、たとえば広報でいえば、資生堂はいろんなネットワークを持っていて、一般的に、商品でもなんでも内部が発信してもらいたいと思うことを外に発信するわけですけれども、ただ、そういう意味では最も外部と接触している部隊ですから、世間はどうもこういうことに興味を持っているようだとか、逆に内部に伝えるということを積極的にやってもいいわけです。

つまりたくさんお金をつかってテレビのＣＭを打ったりするのはもちろん効果があるでしょうけれども、福原さんとお話ししていると、ちょっと会社に全体に元気がないというか、これはどこの企業でも同じ問題を抱えていると思いますけれども、なんとなく内向きで、はみ出して何かをやる意欲に欠けているとか、そういうことに、あまり表には出されませんけれども、若干苛立っておられるように感じました。

文化資本経営とおっしゃって、本まで出されている方ですから、文化的な資本を新たに内部から生み出していくということを、部署の枠を超えてチャレンジしてもらいたいと思われていることがよくわかります。未来の幹部候補者を集めてバリ島や上海やハノイに行って、そこの最高レベルの芸能に触れたり、そのような文化や歴史がどのように生まれ育まれているかということを、現場のトップの人たちと話し合ったりしたＦＡクラブ（Fukuhara Fundamental academy of Arts）でも、そういうことを期待されておられたと思います。

そういう意味では福原さんは、まことに僭越ですけれども、温厚なお人柄ですが、とてもチャレンジングな経営者だと思います。この建築もそうですが、「五〇年後にあの時代に銀座のあの場所に資生堂が、あのような建築を創ったことは本当に良かったね、と人様から言われるようなものを創ってください」という言葉に表されているように、広い意味での文化的な資本そのものを創り出そうとしておられる。そういうことはもっと広く伝わっていいと思います。

日常の業務だけではなくて、資生堂を支えてきた文化的な背景とか未来への願いを含めて、美はメッセージそのものであり、社会的な存在としての会社は、自分たちの本質的なミッションとは何かを共有して、それを一人一人が発信することが、ひいては会社や社会を良くすることだと。福原さんが企業にとって大切なのは、経営と文化だとおっしゃっているのはそういうことだと思います。

資生堂が明治時代に西欧への憧れと日本的な良さのようなものを踏まえて事業を始められて、しかもそれを薬とか化粧品に限定せずに、パーラーやギャラリーのような場所を創り、美しいポスターを創り、商品が日本の隅々まで行きわたるようにチェーン店を創り、という風に、人の暮らしの全般を美でリードする、という高度な文化資本経営、空間経営戦略を展開されてこられたわけですから、その伝統を未来においても大いに発揮していただきたいと思います。

もう一つ、経営者としての福原さんの凄いところは、ポジティヴポイントを活かすということだけではなくて、社長になってすぐに、損を承知で在庫整理をやられたように、ネガティヴポイントもちゃんと見つめてそれに立ち向かうという、両方の姿勢を持っておられるということです。あるいは実在力と想像力という両方の力のことを、どちらにかたよりすぎることなく見つめておられる。

銀座に行って資生堂パーラーで食事をする、ロオジエで食事をするというのは庶民にとっては一つの憧れです。あるいは資生堂ギャラリーで最先端のアートを無料で見る、そういう場所を、あるべきクオリティで維持する、商品のラインアップや広告のクオリティもそうですけれども、そういうリアルなものを存在させると同時に、あの場所に行きたいと心のなかで思うことが重なり合って、資生堂のイメージを支えているように思います。

私が資生堂とお付き合いをするようになった最初の頃に、福原さんの右腕の清水専務から、谷口くん、資生堂の商品はどうして今でも売れるんだろう、それがなぜかを本当に知りたいと思っているので、そのことを真面目に考えてくれないかなあ、と言われました。いま言ったことは、それに対する私なりの答えと少し関係していると思います。

変なたとえですけれども、パリのエッフェル塔は、実在する建造物ですけれども、同時に、パリに行ったらぜひエッフェル塔を見てみたい、という無数の人々の気持ちのなか、最初の方で言いました想像的（イマージナティヴ）な敷地の上に建ってもいるということです。

要するに、期待や憧れ、それを実現するというのが文化を創るということだと思います。資生堂も、パリの中心部にあるけれどもすっかり寂れていたパレロワイアルに、レ・サロン・ド・パレロワイアル・シセイドーを創って、その繊細かつエキゾティックな空間にパリっ子たちがびっくりしました。そういうことがヨーロッパにおける資生堂の高い評価にダイレクトにつながっていると思います。

花椿　いまふと思ったのですけれども、以前に資生堂がつくった男性用化粧品ということで、画期的な商品となったＭＧ５に関する本が出ました。それを読んで改めてびっくりしたんですけれども、あれはテーマそのものもそうですけれども、技術的にも、全部が円筒形だとか、メタリックなものとか、いろいろと本邦発のものをいっぱい実現しているんですね。やっぱりずいぶん志を持った人たちがやったからできたんだな、あれだけのエネルギーが一品に込められているというのはすごいなと思いました。

谷口　結局、この世の中に今はないけれども、あってもいいはずだというヴィジョンと、そのヴィジョンを共有して、それを何としても実在させよう、という志を持った人たちのチームがあるということが重要だと思います。

花椿　本当はいろいろなことができるのに、コストのことや手間のことやなんやかやで、大量生産の簡単な方向につい流れてしまって行っているのが日本の現在的な状況だとすれば、それはもしかしたら、そういう流れに乗ってしまっている私たちが優れた技術を、あるいはありうる技術を壊してしまっているのかもしれませんね。経済原理はもちろん働くけれども、でも手間とお金と時間をかけて良いものを創ろうとすること。大切なのは、そのバランスのありようをどこまでどのように納得したり覚悟してやるのかということなのかもしれませんね。

谷口　ヴィジョンは高ければ高いほど、それが射程に入れているフィールドは大きいわけですから、実は長い時間で見れば、もしかしたらその方が結果的には効率が良い投資だった、ということが多々あると思いますね。

福原さんがおっしゃられた、今から五〇年後に～　という言葉も、そういうことを言っておられると思います。つまり、先ほどのＭＧ５の話もそうですけれども、資生堂はこれまでいろいろ画期的なことをやってこられた。それを良しとする社風があって、良しとするどころか、もっとやりなさいと言ってくれる福原さんのような経営者がおられる。

今また、未来の銀座を牽引するような建築を建てられた。そういう貴重な創造的遺伝子のようなものを、これからも大切にしていただきたいなと、あの建築創造に携わった者として思います。

ふくはらよしはる

1931年東京生まれ。1953年慶應義塾大学経済学部卒業、資生堂入社。商品開発部長、取締役外国部長、常務取締役、専務取締役を歴任後、1987年代表取締役社長に就任。直後から大胆な経営改革、社員の意識改革に着手し、資生堂のグローバル展開をけん引した。社長就任10年を経て1997年取締役会長、2001年名誉会長に就任。企業の社会貢献、文化生産へのパトロネージュなどに尽力した。本業以外での文化的活動も多岐にわたり、なかでも洋蘭の栽培、写真は有名。東京都写真美術館館長、東京商工会議所副会頭、（一社）経済団体連合会評議委員会副議長、（公社）企業メセナ協議会理事長、（公財）文字・活字文化推進機構会長、（公財）かながわ国際交流財団理事長など多くの公職を歴任。

栄典、受章は、旭日重光章、文化功労者、仏レジオン・ドヌール勲章グラントフィシエ章、伊グランデ・ウフィチアーレ章、パリ市名誉市民、北京市名誉市民など。

『部下がついてくる人――体験で語るリーダーシップ』（日本経済新聞社）、『ぼくの複線人生』（岩波書店）、『美「みえないものをみる」ということ』（PHP新書）、『道しるべをさがして』（朝日新聞出版）など著書多数。

2023年8月、92歳で逝去。同年12月、『文化資本の経営』（NewsPicksパブリッシング）が四半世紀ぶりに復刊された。

たにぐち えりや

詩人、ヴィジョンアーキテクト。石川県加賀市出身、横浜国立大学工学部建築学科卒。1976年にスペインに移住。帰国後ヴィジョンアーキテクトとしてエポックメイキングな建築空間創造や、ヴィジョナリープロジェクト創造&ディレクションを行うとともに、言語空間創造として多数の著書を執筆。音羽信という名のシンガーソングライターでもある。主な著書に『画集ギュスターヴ・ドレ』（講談社）、『1900年の女神たち』（小学館）、『ドレの神曲』『ドレの旧約聖書』『ドレの失楽園』『ドレのドン・キホーテ』『ドレの昔話』（以上、宝島社）、『鳥たちの夜』『鏡の向こうのつづれ織り』『空間構想事始』（以上、エスプレ）、『イビサ島のネコ』『天才たちのスペイン』『旧約聖書の世界』『視覚表現史に革命を起こした天才ゴヤの版画集1～4集』『愛歌（音羽信）』『随想 奥の細道』『リカルド・ボフィル作品と思想』『理念から未来像へ』『異説ガルガンチュア物語』『いまここで』『メモリア少年時代』『島へ』『夢のつづき』『夢のなかで』『ヴィジョンアーキテクトという仕事』『ギュスターヴ・ドレとの対話』『ジャック・カロを知っていますか？』『わかれみち』（以上、未知谷）など。翻訳書に『プラテーロと私抄』（ファン・ラモン・ヒメネス著、未知谷）。主な建築空間創造に《東京銀座資生堂ビル》《ラゾーナ川崎プラザ》《レストランikra》《軽井沢の家》などがある。

福原義春さんとの対話

2024年 9 月17日初版印刷
2024年 9 月25日初版発行

著者　福原義春、谷口江里也
発行者　飯島徹
発行所　未知谷
東京都千代田区神田猿楽町 2 丁目 5-9　〒 101-0064
Tel. 03-5281-3751 / Fax. 03-5281-3752
［振替］ 00130-4-653627

組版　柏木薫
印刷所　モリモト印刷
製本所　牧製本

Publisher Michitani Co, Ltd., Tokyo
Printed in Japan
ISBN 978-4-89642-734-9　C0034